数控机床加工技术研究

林东玲 刘 宇 盖苗苗 ◎著

吉林科学技术出版社

图书在版编目（CIP）数据

数控机床加工技术研究 / 林东玲，刘宇，盖苗苗著
. -- 长春：吉林科学技术出版社，2022.4
ISBN 978-7-5578-9463-4

Ⅰ．①数… Ⅱ．①林… ②刘… ③盖… Ⅲ．①数控机
床－加工－研究 Ⅳ．①TG659

中国版本图书馆 CIP 数据核字 (2022) 第 115996 号

数控机床加工技术研究

著	林东玲　刘　宇　盖苗苗
出 版 人	宛　霞
责任编辑	程　程
封面设计	金熙腾达
制　版	金熙腾达
幅面尺寸	185mm×260mm
开　本	16
字　数	291 千字
印　张	12.75
印　数	1-1500 册
版　次	2023年1月第1版
印　次	2023年1月第1次印刷

出　版	吉林科学技术出版社
发　行	吉林科学技术出版社
地　址	长春市南关区福祉大路5788号出版大厦A座
邮　编	130118
发行部电话/传真	0431-81629529　81629530　81629531
	81629532　81629533　81629534
储运部电话	0431-86059116
编辑部电话	0431-81629510
印　刷	廊坊市印艺阁数字科技有限公司

书　号	ISBN 978-7-5578-9463-4
定　价	58.00 元

前　言

随着科学技术的发展，机械制造技术发生了较大的变化，数控加工技术则是促进制造技术发展的重要手段。随着智能制造技术的高速发展，数控加工技术也必将有更加广泛的应用，数控加工技术水平已成为衡量工业现代化的重要标志。

为了满足多品种、小批量特别是复杂型面零件加工的生产要求，人们一直在寻找更通用、更灵活、更高精度、更高效率的自动化加工工具，用数控技术控制机械加工的数控机床就是这样的生产工具。数控机床是采用数控技术控制的机床，即装备了数控系统的机床。由于现代数控机床都用计算机来进行控制，所以一般称为计算机数控（CNC）机床。数控机床具有适应性强、加工精度高、加工质量稳定和生产效率高的优点。随着机床数控技术的迅速发展，数控机床在机械制造业中的地位越来越重要，已成为现代制造技术的基础。现代数控机床是一种具有高质、高效、高度自动化、高度灵活性的加工工具，具有良好的零件加工功能，适合精度要求更高及形状复杂零件的加工。它是精密机械技术、计算机技术、微电子技术、检测传感技术、自动控制技术、接口技术等在系统工程的基础上的有机结合，是优化的、典型的机电一体化产品。

本书从数控机床的基础理论出发，阐述了数控机床运动控制、数控加工工艺设计、数控机床的主传动系统设计等知识和技能，然后论述了数控机床加工中心应用，最后阐述了数控机床的选用与维护。本书从理论技术到设计再到应用，对数控机床加工技术进行了较详尽的论述。希望通过阅读与学习本书的相关内容能够对数控机床行业中各个层次的工作人员起到一定的帮助，更进一步为完成我国从"制造业大国"到"制造业强国"这一转变目标贡献一份自己的力量。

在本书编写的过程中，参阅了许多专家的教材、著作和论文，还得到了国内外有关企业和同行的支持，在此一并表示由衷的感谢。鉴于数控机床加工技术发展迅速，作者时间和水平有限，书中难免存在内容、结构和文字表述等一些问题和不妥之处，敬请同行专家和广大读者批评指正，谢谢！

目 录

第一章　数控机床概述 ···························· 1

　　第一节　数控机床的基本概念 ···················· 1

　　第二节　数控机床的组成与特点 ·················· 2

　　第三节　数控机床的分类与坐标规定 ·············· 6

　　第四节　数控机床先进制造技术与数控装备 ········ 18

第二章　数控机床运动控制 ······················ 27

　　第一节　数控机床进给插补 ······················ 27

　　第二节　数控机床进给伺服系统与系统机械 ········ 29

　　第三节　数控机床主轴驱动与支承 ················ 40

第三章　数控加工工艺设计 ······················ 51

　　第一节　数控加工工艺特点与设计原则 ············ 51

　　第二节　数控加工工艺设计的基本内容 ············ 54

　　第三节　数控加工工艺设计过程 ·················· 65

　　第四节　数控加工装夹设计 ······················ 72

第四章　数控刀具及使用 ························ 81

　　第一节　数控刀具的种类与特点 ·················· 81

　　第二节　数控刀具的材料与工具系统 ·············· 85

　　第三节　数控刀具的选择 ························ 95

　　第四节　数控机床的对刀 ······················ 102

第五章　数控机床的主传动系统设计 ·············· 107

　　第一节　主传动系统的设计要求及系统参数 ········ 107

　　第二节　主传动变速系统的设计 ················ 110

　　第三节　主轴组件设计 ························ 117

　　第四节　齿形带传动设计 ······················ 129

第六章　加工中心应用 ·· 133

第一节　加工中心自动换刀 ································· 133

第二节　孔加工要求及孔加工固定循环 ············· 141

第三节　钻孔、扩孔、锪孔加工工艺 ···················· 146

第四节　攻丝、铰孔、镗孔加工工艺 ···················· 152

第七章　数控机床的选用与维护 ·························· 163

第一节　数控机床的选用 ······························· 163

第二节　数控机床的安装调试与验收 ··············· 171

第三节　数控机床的故障分析与处理 ··············· 181

第四节　数控机床的维护与保养 ····················· 194

参考文献 ·· 197

第一章　数控机床概述

第一节　数控机床的基本概念

一、数控机床的定义

数字控制（Numerical Control）是用数字化信号对机床的运动及其加工过程进行控制的一种技术方法。

数控技术是用数字信息对机械运动和工作过程进行控制的技术，是现代化工业生产中的一门新型的发展十分迅速的高技术。数控装备是以数控技术为代表的新技术对传统制造产业和新兴制造业的渗透形成的机电一体化产品，即所谓的数字化装备。其技术所覆盖的领域有机械制造技术，微电子技术，信息处理、加工、传输技术，自动控制技术，伺服驱动技术，检测监控技术，传感器技术，软件技术等。数控技术及装备是发展新兴高新技术产业和尖端工业（如信息技术及其产业、生物技术及其产业、航空航天等国防工业产业）的使能技术和最基本的装备，在提高生产率、降低成本、保证加工质量及改善工人劳动强度等方面，都有突出的优点，特别是在适应机械产品迅速更新换代、小批量、多品种生产方面，各类数控装备是实现先进制造技术的关键。

数控机床是采用了数控技术的机床，或者说是装备了数控系统的机床。国际信息处理联盟（International Federation of Information Processing，IFIP）第五技术委员会，对数控机床做了如下定义：数控机床是一种装有程序控制系统的机床。该控制系统能逻辑地处理具有控制编码或其他符号指令的程序，并将其译码，用代码化的数字表示，通过信息载体输入数控装置。经运算处理由数控装置发出各种控制信号，控制机床的动作，按图纸要求的形状和尺寸，自动地将零件加工出来。

二、数控机床的加工原理

金属切削机床加工零件，是操作者依据工程图样的要求，不断改变刀具与工件之间相对运动的参数（位置、速度等），使刀具对工件进行切削加工，最终得到所需要的合格零件。

数控机床的加工，是把刀具与工件的运动坐标分割成一些最小的单位量，即最小位移量，由数控系统按照零件程序的要求，使坐标移动若干个最小位移量（控制刀具运动轨迹），从而实现刀具与工件的相对运动，完成对零件的加工。

刀具沿各坐标轴的相对运动，是以脉冲当量 δ 为单位的（mm/脉冲）。

当走刀轨迹为直线或圆弧时，数控装置则在线段或圆弧的起点和终点坐标值之间进行"数据点的密化"，求出一系列中间点的坐标值，然后按中间的坐标值，向各坐标输出脉冲数，保证加工出需要的直线或圆弧轮廓。

数控装置进行的这种"数据点的密化"称作插补，一般数控装置都具有对基本函数（如直线函数和圆函数）进行插补的功能。

对任意曲面零件的加工，必须使刀具运动的轨迹与该曲面完全吻合，才能加工出所需的零件。

第二节　数控机床的组成与特点

一、机床数控技术及组成

机床数控技术包括数控机床、数控系统及外围技术，其组成如图 1-1 所示。

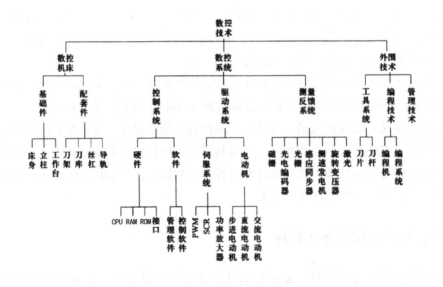

图 1-1　机床数控技术的组成

数控机床是典型的数控化设备，它一般由信息载体、计算机数控系统、伺服系统、机床本体和测量反馈装置五部分组成，如图 1-2 所示。

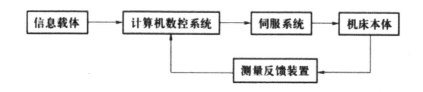

图 1-2 数控机床的组成

（一）信息载体

信息载体又称控制介质，用于记录数控机床上加工一个零件所必需的各种信息，如零件加工的位置数据、工艺参数等，以控制机床的运动，实现零件的机械加工。常用的信息载体通过相应的输入装置将信息输入数控系统中。数控机床也可采用操作面板上的按钮和键盘将加工信息直接输入，或通过串行口将计算机上编写的加工程序输入数控系统。高级的数控系统可能还包含一套自动编程机或者 CAD/CAM 系统。由这些设备实现编制程序、输入程序、输入数据以及显示、模拟仿真、存储和打印等功能。

（二）计算机数控系统

计算机数控系统是数控机床的核心，它的功能是接收载体送来的加工信息，经计算和处理后去控制机床的动作。它由硬件和软件组成。硬件除计算机外，其外围设备主要包括光电阅读机、CRT、键盘、操作面板、机床接口等。光电阅读机用于输入系统程序和零件加工程序；CRT 供显示和监控用；键盘用于输入操作命令及编辑、修改程序段，也可输入零件加工程序；操作面板可供操作人员改变操作方式、输入和修正数据、起停加工等；机床接口是计算机和机床之间联系的桥梁，机床接口包括伺服驱动接口及机床输入 / 输出接口。伺服驱动接口主要是进行数/模转化，以及对反馈元件的输出进行数字化处理并记录，以供计算机采样。机床输入 / 输出接口用于处理辅助功能。软件由管理软件和控制软件组成，管理软件主要包括输入 / 输出、显示、诊断等程序，控制软件包括译码、刀具补偿、速度控制、插补运算、位置控制等部分。数控系统控制机床的动作可概括为以下几种：①机床主运动，包括主轴的启动、停止、转向和速度选择，多坐标控制（多轴联动）。②机床进给运动，如点位、直线、圆弧、循环进给的选择，坐标方向和进给速度的选择等。③刀具的选择和刀具的补偿（长度、半径）。④其他辅助运动，如各种辅助操作，工作台的锁紧和松开，工作台的旋转与分度和冷却泵的开、停等。⑤故障自诊断：由于数控系统是一个十分复杂的系统，为使系统故障停机时间减至最少，数控装置中设有各种诊断软件，对系统运动情况进行监视，及时发现故障，并在故障出现后迅速查明故障类型和部位，发出报警，把故障源隔离到最小范围。⑥通信和联网功能。

（三）伺服系统

伺服系统是数控系统的执行部分，包括驱动机构和机床移动部件，它接收数控装置发送的各种动作命令，驱动受控设备运动。伺服电动机可以是步进电动机、电液马达、直流伺服电动机或交流伺服电动机。一般来说，数控机床的伺服驱动，要求有好的快速响应性能，能灵敏而准确地跟踪由数控装置发出的指令信号。

（四）机床本体

机床本体是数控机床的主体，是用于完成各种切割加工的机械部分，包括床身、箱体、导轨、主轴、进给机构等机械部件。机床是被控制的对象，其运动的位移和速度以及各种开关量是被控制的。数控机床采用高性能的主轴及进给伺服驱动装置，其机械传动结构得到了简化，具有下面三个特点：①由于采用了高性能的主轴及进给伺服驱动装置，简化了数控机床的机械传动结构，传动链较短；②数控机床的机械结构具有较高的动态特性、动态刚度、阻尼精度、耐磨性以及抗热变形性能，适应连续自动化加工；③较多地采用高效传动件，如滚珠丝杠螺母副、直线滚动导轨、静压导轨等。

此外，为保证数控机床功能的充分发挥，还有一些配套部件（如冷却、排屑、防护、润滑、照明、储运等一系列装置）和附属设备（编程机和对刀仪等）。

（五）测量反馈装置

该装置由测量部件及其响应的测量电路组成，其作用是检测速度和位移，并将信息反馈给数控装置，构成闭环控制系统。没有测量反馈装置的系统称为开环控制系统。

常用的测量部件有脉冲编码器、旋转变压器、感应同步器、光栅和磁尺等。

二、数控机床的特点

数控机床在加工下面一些零件中更能显示出它的优越性：①批量小（200件以下）而又多次生产的零件；②几何形状复杂的零件；③在加工过程中必须进行多种加工的零件；④切削余量大的零件；⑤必须控制公差（公差带范围小）的零件；⑥工艺设计经常变化的零件；⑦加工过程中的错误会造成严重浪费的贵重零件；⑧须全部检测的零件等。

数控机床有如下优点：

（一）提高生产率

数控机床能缩短生产准备时间，增加切削加工时间的比率。采用最佳切削参数和最佳走刀路线，缩短加工时间，从而提高生产率。

（二）数控机床可以提高零件的加工精度，稳定产品质量

由于它是按照程序自动加工的，不需要人工干预，其加工精度还可以利用软件进行校正及补偿，故可以获得比机床本身精度还要高的加工精度和重复精度。

（三）有广泛的适应性和较大的灵活性

通过改变程序，就可以加工新产品的零件，能够完成很多普通机床难以完成或者根本不能加工的复杂型面零件的加工。

（四）可以实现一机多用

一些数控机床，例如加工中心，可以自动换刀。一次装夹后，几乎能完成零件的全部加工部位的加工，节省了设备和厂房面积。

（五）可以进行精确的成本计算和生产进度安排

减少在制品，加速资金周转，提高经济效益。

（六）不需要专用夹具

采用普通的通用夹具就能满足数控加工的要求，节省了专用夹具设计制造和存放的费用。

（七）大大降低了工人的劳动强度

数控机床是具有广泛的通用性又具有很高自动化程度的设备。它的控制系统不仅能控制机床各种动作的先后顺序，还能控制机床运动部件的运动速度，以及刀具相对工件的运动轨迹。数控机床是计算机辅助设计与制造（CAD/CAM）、柔性制造系统（FMS）、计算机集成制造系统（CIMS）等柔性加工和柔性制造系统的基础。

但是，数控机床的初期投资及后期维修等费用较高，要求管理及操作人员的素质也较高。合理地选择及使用数控机床，可以降低企业的生产成本，提高经济效益和竞争能力。

第三节　数控机床的分类与坐标规定

一、数控机床的分类

（一）按运动控制的特点分类

按照机床的运动轨迹可把机床数控系统分为以下三大类：

1. 点位控制系统（Point to Point Control System）

点位控制系统只控制机床移动部件的终点位置，而不管移动所走的轨迹如何，可以一个坐标移动也可以二坐标同时移动，在移动过程中不进行切削，为保证定位精度，可在移动过程中采用如图 1-3 所示的分级降速、连续降速或单向定位等方式提高定位精度。数控钻床、数控镗床、数控冲床等都属于点位控制系统。

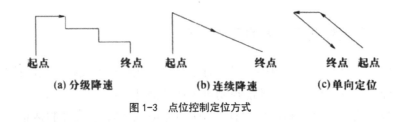

起点　　　　终点	起点　　　　终点	终点　起点
(a) 分级降速	(b) 连续降速	(c) 单向定位

图 1-3　点位控制定位方式

2. 直线切削控制系统（Strait Cut Control System）

直线切削控制系统控制刀具或工作台以适当的速度按平行于坐标轴的方向直线移动并可对工件进行切削，这类系统也能按 45° 角进行斜线切削，但不能按任意斜率进行切削，简易数控车床就属于直线切削控制系统。也可将点位控制系统和直线切削控制系统结合在一起成为点位 / 直线切削控制系统，数控镗床就属于这一类系统。

3. 连续切削控制系统（Contouring Control System）

连续切削控制系统又称轮廓控制系统，它能对刀具与工件相对移动的轨迹进行连续控制，能加工曲面、凸轮、锥度等复杂形状的零件。数控铣床、数控车床、数控磨床均采用连续切削控制系统。连续切削控制系统的核心装置就是插补器，插补器的功能是按给定的尺寸和加工速度用脉冲信号使刀具或工件走任意斜线或圆弧，分别称为直线插补器和圆弧插补器，高级的连续切削控制系统的插补器还具有抛物线、螺旋线插补功能。

连续切削控制系统按同时控制且相互独立的轴数，可以有 2 轴控制、2.5 轴控制、3 轴控制、4 轴控制、5 轴控制等。2 轴控制指的是可以同时控制两轴，但机床也许多于两轴，如 X、Y、Z 共 3 个移动坐标轴，可以进行如图 1-4 所示的曲线形状加工。同时控制 X、Z 坐标和 Y、Z 坐标时，可以加工如图 1-5 所示形状的零件。2.5 轴控制是指两个轴连续控制，第 3 个轴点位或直线控制，从而实现 3 个主要轴 X、Y、Z 内的二维控制。3 轴控制是指同时控制 X、Y、Z 三个坐标，这样刀具在空间的任意方向都可移动，因而能够进行三维的立体加工，如图 1-6 所示。4 轴控制是指同时控制四个坐标运动，即在三个平动坐标之外，再加一个旋转坐标。同时控制四个坐标的数控机床如图 1-7 所示，可用来加工叶轮或圆柱凸轮。5 轴控制中的五个轴是指三个平动 X、Y、Z 坐标，再加上围绕这些直线坐标旋转的旋转坐标 A、B、C 中的两个坐标形成同时控制五个坐标，这时刀具可以给定在空间的任意方向。因而当进行图 1-8 所示的曲面切削时，可以使刀具对曲面经常保持一定的角度，也可以进行图 1-9 所示的零件侧面的切削。此外，在一次装夹的情况下，能实现任意方向的孔加工。由于刀具可以按数学规律导向，使之垂直于任何双曲线平面，因此适合于加工透平叶片、机翼等。

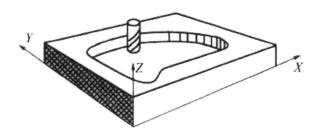

图 1-4　同时控制两个坐标的轮廓控制（一）

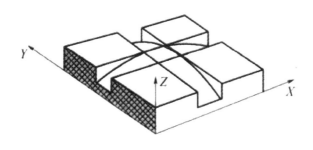

图 1-5　同时控制两个坐标的轮廓控制（二）

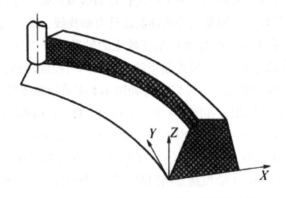

图 1-6　3 轴联动的数控加工

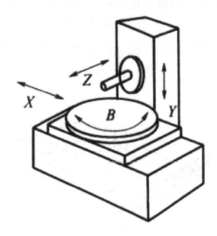

图 1-7　同时控制四个坐标的数控机床

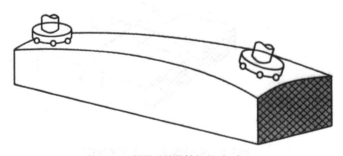

图 1-8　5 轴联动的数控加工（一）

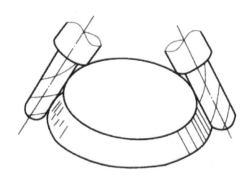

图 1-9 5轴联动的数控加工（二）

（二）按数控系统功能水平分类

按照数控系统的功能水平，数控系统可以分为经济型（低档型）、普及型（中档型）和高档型数控系统三种。这种分类方法没有明确的定义和确切的分类界线，且不同时期、不同国家的类似分类含义也不同。下面的叙述可作为按数控系统功能水平分类的参考条件。

1. 经济型数控系统（又称简易数控系统）

这一档次的数控机床通常仅能满足一般精度要求的加工，能加工形状较简单的直线、斜线、圆弧及带螺纹类的零件，采用的微机系统为单板机或单片机系统，具有数码显示或 CRT 字符显示功能，机床进给由步进电动机实现开环驱动，控制的轴数和联动轴数在 3 轴或 3 轴以下，进给分辨力为 $10\mu m$，快速进给速度可达 10m/min。这类机床结构一般都比较简单，精度中等，价格也比较低廉，一般不具有通信功能。如经济型数控线切割机床、数控钻床、数控车床、数控铣床及数控磨床等。

2. 普及型数控系统（通常称为全功能数控系统）

这类数控系统功能较多，但不追求过多，以实用为原则，除了具有一般数控系统的功能以外，还具有一定的图形显示功能及面向用户的宏程序功能等，采用的微机系统为 16 位或 32 位微处理机，具有 RS-232C 通信接口，机床的进给多用交流或直流伺服驱动，一般系统能实现 4 轴或 4 轴以下联动控制，进给分辨力为 $1\mu m$，快速进给速度为 10 ~ 20m/min，其输入输出的控制一般可由可编程序控制器来完成，从而大大增强了系统的可靠性和控制的灵活性。这类数控机床的品种极多，几乎覆盖了各种机床类别，且价格适中。

3. 高档型数控系统

指加工复杂形状工件的多轴控制数控机床，且其工序集中、自动化程度高、功能强、柔性高。采用的微机系统为 32 位以上微处理机系统，机床的进给大多采用交流伺服驱动，除了具有一般数控系统的功能以外，应该至少能实现 5 轴或 5 轴以上的联动控制，最小进给分辨力为 0.1μm，最大快速移动速度能达到 100m/min 或更高，具有三维动画图形功能和宜人的图形用户界面，同时具有丰富的刀具管理功能、宽调速主轴系统、多功能智能化监控系统和面向用户的宏程序功能，还有很强的智能诊断和智能工艺数据库，能实现加工条件的自动设定，且能实现计算机的联网和通信。这类系统功能齐全，价格昂贵，如具有 5 轴以上的数控铣床、大重型数控机床、五面加工中心、车削中心和柔性加工单元等。

（三）按工艺用途分类

1. 金属切削类数控机床

这类数控机床包括数控车床、数控钻床、数控铣床、数控磨床、数控镗床以及加工中心。切削类数控机床发展最早，目前种类繁多，功能差异也较大。这里特别强调的是加工中心，也称为可自动换刀的数控机床。这类数控机床都带有一个刀库，可容纳 10 ~ 100 多把刀具。其特点是：工件一次装夹可完成多道工序，为了进一步提高生产率，有的加工中心使用双工作台，一面加工，一面装卸，工作台可自动交换等。

2. 金属成型类数控机床

这类机床包括数控折弯机、数控组合冲床、数控弯管机、数控同转头压力机等。这类机床起步晚，但目前发展很快。

3. 数控特种加工机床

如数控线（电极）切割机床、数控电火花加工、火焰切割机、数控激光切割机床等。

4. 其他类型的数控机床

如数控三坐标测量机等。

（四）按所用数控装置的构成方式分类

1. 硬线数控系统

硬线数控系统使用硬线数控装置，它的输入处理、插补运算和控制功能，都由专用的固定组合逻辑电路来实现，不同功能的机床，其组合逻辑电路也不相同。改变或增减控制、运算功能时，需要改变数控装置的硬件电路。因此通用性和灵活性差，制造周期长，成本高。20 世纪 70 年代初期以前的数控机床基本上属于这种类型。

2.软线数控系统

软线数控系统也称为计算机数控系统，它使用软线数控装置。这种数控装置的硬件电路由小型或微型计算机再加上通用或专用的大规模集成电路制成，数控机床的主要功能几乎全部由系统软件来实现，所以不同功能的数控机床其系统软件也就不同，而修改或增减系统功能时，也不需要变动硬件电路，只需要改变系统软件。因此，具有较高的灵活性，同时由于硬件电路基本上是通用的，这就有利于大量生产、提高质量和可靠性、缩短制造周期和降低成本。从 20 世纪 70 年代中期以后，随着微电子技术的发展和微型计算机的出现，以及集成电路的集成度不断提高，计算机数控系统得到不断发展和提高，目前几乎所有的数控机床采用了软线数控系统。

二、数控机床的坐标规定

在数控机床上加工零件时，刀具与工件的相对运动必须在确定的坐标系中，才能按规定的程序进行加工。

为了编程时描述机床的运动，简化程序的编制方法，保证记录数据的互换性和穿孔纸带的通用性，数控机床的坐标轴和运动方向均已标准化。

（一）刀具相对于静止的工件运动原则

即在考虑机床坐标命名时，被加工件的坐标系均看作是相对静止的，而刀具是运动的。该原则是为了编程人员在不知道是刀具移近工件，还是工件移近刀具的情况下，就可以根据零件图样，确定机床的加工过程。

（二）标准坐标系的规定

一个直线进给运动或一个圆周进给运动定义一个坐标轴。标准坐标系是一个用 X、Y、Z 表示的直线进给运动的直角坐标系，用右手定则判定。大拇指指向 X 轴的正方向，食指指向 Y 轴的正方向，中指指向 Z 轴的正方向。这个坐标系的各个坐标轴通常与机床的主要导轨相平行。

围绕 X、Y、Z 轴旋转的圆周进给运动坐标轴分别用 A、B、C 表示，根据右手定则判定，以大拇指指向 $+X$、$+Y$、$+Z$ 方向，则食指、中指等指向是圆周进给运动的 $+A$、$+B$、$+C$ 方向。

（三）运动部件方向的规定

机床某一运动部件的正方向规定为增大刀具与工件距离的方向，而对钻、镗床加工，钻入或镗入工件的方向是负方向。

1.Z 坐标轴的确定

通常把传递切削力的主轴定为 Z 轴。对刀具旋转的铣床、钻床、镗床、攻丝机等来说，转动刀具的轴为 Z 轴；对工件旋转的车床、磨床和其他成型旋转表面的机床来说，转动工件的轴则为 Z 轴；如果机床上有几个主轴，则选一垂直于工件装夹面的主轴为 Z 轴；对无主轴的机床（如刨床、插床），则 Z 坐标垂直于工件装夹面；如主轴能摆动，在摆动范围内主轴只有平行于直角坐标系中的一个坐标为 Z 坐标；在摆动范围内主轴平行于直角坐标系中的两个或三个坐标时，则取垂直于机床工件装夹面的坐标为 Z 坐标。Z 轴的正方向规定为增大工件和刀具距离的方向。

2.X 坐标轴的确定

X 坐标是水平的，一般平行于工件装夹面且与 Z 轴垂直，它是刀具或工件定位平面内运动的主要坐标。对于工件旋转的机床（如车床、磨床等），X 坐标沿工件的径向且平行于横向导轨。刀具离开工件旋转中心的方向是 X 轴的正方向。对刀具旋转的机床，如 Z 轴为水平（卧铣、卧镗等），则从主轴向工件主轴看时，X 轴的正方向指向右方；如 Z 轴是垂直的，则从主轴向立柱看时，X 轴的正方向指向右边；对双立柱机床，当从主轴向左侧立柱看时，X 轴的正方向指向右边。对刀具和工件都不能转的机床，X 轴与主切削方向平行且切削运动方向为正。

3.Y 坐标轴的确定

Y 坐标轴垂直于 X 和 Z 坐标轴，Y 坐标轴运动正方向应根据 X、Z 轴的正方向，按右手定则确定。

三、数控机床发展趋势

微电子技术、自动信息处理、数据处理以及计算机的发展，给自动化带来了新的概念，推动了机械制造自动化的发展。数控技术的应用不但给传统制造业带来了革命性的变化，使制造业成为工业化的象征，而且随着数控技术的不断发展和应用领域的扩大，它对国计民生的一些重要行业（IT、汽车、轻工、医疗等）的发展起着越来越重要的作用，因为这些行业所需装备的数字化已是现代发展的大趋势。当前世界上数控技术及其装备呈现如下发展趋势：

（一）高速、高精密化

新一代数控机床（含加工中心）只有通过高速化大幅度缩短切削工时才可能进一步提高其生产率。超高速加工特别是超高速铣削与新一代高速数控机床和高速加工中心的开发应用紧密相关。20 世纪 90 年代以来，各国争相开发应用新一代高速数控机床，加快机床高速化发展步伐。随着超高速切削机理、超硬耐磨长寿命刀具材料和磨料磨具、大功率高速电主轴、高加/减速度直线电动机驱动进给部件以及高性能控制系统（含监控系统）和防护装置等一系列技术领域中关键技术的解决，应不失时机地开发应用新一代高速数控机床。为了实现高速、高精加工，与之配套的功能部件如电主轴、直线电动机得到了快速的发展，应用领域进一步扩大。

随着微机电系统的发展，对非硅材料的三维复杂形状微小零件提出了越来越多的要求。如微小飞行器基体结构、发动机制造，由于其结构精巧，零件尺度一般在10mm，而切削加工用量在微米量级，主要用于微小飞行器、微小巡航导弹、微小机器人的加工。作为传统自由加工三维形状的方法——切削、磨削技术，由于切削力大，以前在微细结构件的加工方面应用不多。但是，随着机械加工机床精度的提高和超精密加工技术的发展，达到亚微米级的加工精度已经不是一件难事，例如依靠单晶金刚石进行镜面切削加工的技术已经成熟，所以利用超精密切削加工以及超精密磨削加工技术进行微细结构件的加工已成为可能。而且微细切削加工、磨削加工技术还具有较快的加工速度、能加工各种材料以及能加工各种复杂三维形状等特点。

微细加工是指能够达到极微细的运动精度和高重复精度的加工，在微机械研究领域中，它是微米级、亚微米级乃至纳米级加工的通称。微细加工方式十分丰富，它包含了各种特种加工、高能束加工，常用的微细加工方式包括光刻技术（Photolithography）、蚀刻技术（Etching Technology）、LIGA技术、薄膜制备技术、牺牲层技术（Sacrificial Layer Technology）、分子装配技术（Molecular Assemblage）、集成机制（Integrated Mechanism）制造技术以及微细切削加工等。

（二）高可靠性

高可靠性是指数控系统的可靠性要高于被控设备的可靠性一个数量级以上，但也不是可靠性越高越好，仍然是适度可靠，因为是商品，受性能价格比的约束。对于每天工作两班的无人化工厂而言，如果要求在16h内连续正常工作，无故障率P(t)=99%以上，则数控机床的平均无故障运行时间MTBF就必须大于3000h。MTBF大于3000h，对于由不同数量的数控机床构成的无人化工厂差别就大多了。我们只对一台数控机床而言，如主机与数控系统的失效率之比为10∶1（数控的可靠性比主机高一个数量级），此时数控系统的MTBF就要大于33 333.3h，而其中的数控装置、主轴及驱动等的MTBF就必须大于100 000h。

在可靠性方面，国外数控装置的MTBF已达6000h以上，伺服系统的MTBF达到30 000h以上，表现出非常高的可靠性。

（三）数控机床设计CAD化

随着计算机应用的普及及软件技术的发展，计算机辅助设计（Computer Aided Design，CAD）技术得到了广泛发展。CAD不仅可以替代人工完成浩繁的绘图工作，更重要的是可以进行设计方案选拔和大件整机的静、动态特性的分析、计算、预测和优化设计，可以对整机各工作部件进行动态模拟仿真。在模块化的基础上，在设计阶段就可以看到产品的三维几何模型和逼真的色彩。采用 CAD，还可以大大提高工作效率，提高设计的一次成功率，从而缩短试制周期，降低成本，增加产品的市场竞争能力。

数控机床的设计是一项要求较高、综合性强、工作量大的工作，故应用 CAD 技术就更有必要、更迫切。

1. 结构设计模块化

任何一类机床都是由若干个基础件、标准件和功能部件组成的，尽管在同一类机床中有规格大小和立、卧等形式之分，但大体上功能部件都是相似的。为便于发展同系列和系列变形品种，满足用户市场的需要，现在许多机床生产厂家都在发展自己产品的模块化结构设计。

2. 数控机床结构的创新

数控机床结构技术的重大突破，突出表现在近年来已出现的所谓六条"腿"结构的加工中心。它是采用可以伸缩的六条"腿"（伺服轴）支撑并连接上平台（装有主轴头）与下平台（装有工作台）的构架结构形式，取代传统的床身、立柱等支撑结构，而没有任何导轨与滑板的所谓"虚轴机床"。它具有机械结构简单和运动轨迹计算复杂化的特征，其最显著的优点是机床基本性能高，精度相当于坐标测量机，比传统的加工中心高 2 ~ 10 倍，刚度为传统加工中心的 5 倍，而在 66m/min 的轮廓加工速度下，效率相当于传统加工中心的 5 ~ 10 倍。这种结构技术的成熟和发展，预示着数控机床技术将进入一个有重大变革和创新的时代。

3. 数控机床功能的多样化

随着计算机技术的飞速发展，数控机床的功能越来越多，具体体现在以下方面：

（1）用户界面图形化

用户界面是数控系统与使用者之间的对话接口。当前 Internet、虚拟现实、科学计算可视化及多媒体等技术也对用户界面提出了更高要求。图形用户界面极大地方便了非专业用户的使用，人们可以通过窗口和菜单进行操作，便于蓝图编程和快速编程、三维彩色立体动态图形显示、图形模拟、图形动态跟踪和仿真、不同方向的视图和局部显示比例缩放功能的实现。

（2）科学计算可视化

科学计算可视化可用于高效处理数据和解释数据，使信息交流不再局限于用文字和语言表达，而可以直接使用图形、图像、动画等可视信息。可视化技术与虚拟环境技术相结合，进一步拓宽了应用领域，如无图纸设计、虚拟样机技术等，这对缩短产品设计周期、提高产品质量、降低产品成本具有重要意义。在数控技术领域，可视化技术可用于 CAD/

CAM，如自动编程设计、参数自动设定、刀具补偿和刀具管理数据的动态处理和显示以及加工过程的可视化仿真演示等。

（3）插补和补偿方式多样化

多种插补方式如直线插补、圆弧插补、圆柱插补、空间椭圆曲面插补、螺纹插补、极坐标插补、2D+2 螺旋插补、NURBS 插补（非均匀有理 B 样条插补）、样条插补（A、B、C 样条）、多项式插补等。多种补偿功能如间隙补偿、垂直度补偿、象限误差补偿、螺距和测量系统误差补偿、与速度相关的前馈补偿、温度补偿、带平滑接近和退出以及相反点计算的刀具半径补偿等。

（4）内装高性能数控系统

内装高性能 PLC 控制模块，可直接用梯形图或高级语言编程，具有直观的在线调试和在线帮助功能。编程工具中包含用于车床铣床的标准 PLC 用户程序实例，用户可在标准 PLC 用户程序基础上进行编辑修改，从而方便地建立自己的应用程序。

（5）多媒体技术应用

多媒体技术融计算机、声像和通信技术为一体，使计算机具有综合处理声音、文字、图像和视频信息的能力。在数控技术领域，应用多媒体技术可以做到信息处理综合化、智能化，在实时监控系统和生产现场设备的故障诊断、生产过程参数监测等方面有着重大的应用价值。

（四）智能化、网络化、柔性化、集成化

21 世纪的数控装备将是具有一定智能化的系统，数控机床的智能化内容包括在数控系统中的各个方面：①为追求加工效率和加工质量方面的智能化，如自适应控制、工艺参数自动生成；②为提高驱动性能及使用连接方便方面的智能化，如前馈控制、电动机参数的自适应运算、自动识别负载自动选定模型、自整定等；③简化编程、简化操作方面的智能化，如智能化的自动编程、智能化的人机界面等；④智能诊断、智能监控方面的内容，方便系统的诊断及维修等。

数控系统在控制性能上向智能化发展。随着人工智能在计算机领域的渗透和发展，数控系统引入了自适应控制、模糊系统和神经网络的控制机理，不但具有自动编程、前馈控制、模糊控制、学习控制、自适应控制、工艺参数自动生成、三维刀具补偿、运动参数动态补偿等功能，而且人机界面极为友好，并具有故障诊断专家系统，使自诊断和故障监控功能更趋完善。伺服系统智能化的主轴交流驱动和智能化进给伺服装置，能自动识别负载并自动优化调整参数。直线电动机驱动系统已实用化。

网络化数控装备是近两年国际著名机床博览会的一个亮点。数控装备的网络化将极大地满足生产线、制造系统、制造企业对信息集成的需求，也是实现新的制造模式如敏捷制造、虚拟企业、全球制造的基础单元。数控机床向柔性自动化系统发展的趋势是：一方面从点（数控单机、加工中心和数控复合加工机床）、线（FMC、FMS、FTL、FML）向面（工段车间独立制造岛、FA）、体（CIMS、分布式网络集成制造系统）的方向发展，另一方面

向注重应用性和经济性方向发展。柔性自动化技术是制造业适应动态市场需求及产品迅速更新的主要手段，是各国制造业发展的主流趋势，是先进制造领域的基础技术。其重点是以提高系统的可靠性、实用化为前提，以易于联网和集成为目标；注重加强单元技术的开拓、完善；CNC 单机向高精度、高速度和高柔性方向发展；数控机床及其构成柔性制造系统能方便地与 CAD、CAM、CAPP、MTS 联结，向信息集成方向发展；网络系统向开放、集成和智能化方向发展。

（五）开放性

所谓开放式数控系统就是数控系统的开发可以在统一的运行平台上，面向机床厂家和最终用户，通过改变、增加或剪裁结构对象（数控功能），形成系列化，并可方便地将用户的特殊应用和技术诀窍集成到控制系统中，快速实现不同品种、不同档次的开放式数控系统，形成具有鲜明个性的名牌产品。目前开放式数控系统的体系结构规范、通信规范、配置规范、运行平台、数控系统功能库以及数控系统功能软件开发工具等成为当前研究的核心。采用功能模块部件组成的机床，采用工艺策划、加工数据库向用户开放，采用信息技术将社会制造资源合理调配，逐步在机械制造业建立完善的虚拟化与网络化的先进制造体系，使机械制造业资源高效地被利用，达到降低成本、提高质量和缩短制造周期的目的。数控系统开放化已经成为数控系统的未来之路。

为适应数控进线、联网、普及、个性化、多品种、小批量、柔性化及数控迅速发展的要求，最重要的发展趋势是体系结构的开放性，设计生产开放式的数控系统，例如欧盟、美国及日本发展开放式数控系统的计划等。目前世界上已推出的开放式数控系统研究计划有 OSACA、OMAC 和 OSEC 等。

欧盟的 OSACA 全称为 Open System Architecture for Control within Automation Systems，即自动化系统中的控制开放系统体系结构。系统平台通过 API（Applicator Program Interface）对外提供服务。API 是结构功能单元 AO（Architecture Object）访问系统平台的唯一途径，它屏蔽了平台的真实实现，保证了系统平台的硬件无关性和操作系统无关性。常用的 AO 通常有 HMC（人机界面）、LC（逻辑控制）、MC（运动控制）、AC（轴控制）和 PC（过程控制）。OSACA 充分保证了"开放"的特征，即可移植性、可扩展性和可互换性。

开放式、模块化体系结构控制器（Open Modular Architecture Controllers，OMAC）最初由美国三大汽车公司克莱斯勒、福特和通用提出。它是采用搭积木的方式来构造控制系统。设计者在完成了分解之后，预制特定的模块集合在一起组成了一个库或积木盒。构造系统时只需从库中选取模块拼接在一起即可，就像搭积木一样简单，模块可以被重新利用和继承。

控制器开放系统环境（Open System Environment for Controllers，OSEC）是由六家日本公司（东芝、丰田、MAZAK、日本 IBM、三菱电子公司和 SML 公司）组成的一个工作组提出的。OSEC 所谓的开放式系统本身被认为是一个分布式系统，它能满足用户对制造系统不同配置的要求、最小化费用的要求和应用先进控制算法及基于 PC 的标准化人机界面的要求。OSEC 的结构虽有独到之处，但与其他开放系统结构一样，也只是处于试验阶段，目前并未形成商业化的产品。

为适应制造自动化的发展，向 FMC、FMS 和 CIMS 提供基础设备，要求数字控制制造系统不仅能完成通常的加工功能，而且还要具备自动测量、自动上下料、自动换刀、自动更换主轴头（有时带坐标变换）、自动误差补偿、自动诊断、进线和联网等功能，广泛地应用机器人、物流系统。

围绕数控技术、制造过程技术，在快速成型、并联机构机床、机器人化机床、多功能机床等整机方面和高速电主轴、直线电动机、软件补偿精度等单元技术方面先后有所突破。并联杆系结构的新型数控机床向着实用化发展。这种虚拟轴数控机床用软件的复杂性代替传统机床机构的复杂性，开拓了数控机床发展的新领域：以计算机辅助管理和工程数据库、互联网等为主体的制造信息支持技术和智能化决策系统，对机械加工中海量信息进行存储和实时处理，使机械加工整个系统资源合理支配并高效地应用。由于采用了神经网络控制技术、模糊控制技术、数字化网络技术，机械加工正向虚拟制造的方向发展。

（六）复合化

近年来，用户对产品的个性化要求日益强烈，交货期要求越来越短，过去加工中心的技术开发主要追求的是主轴和进给的高速化，目前对开发 5 轴加工中心的要求更趋向于适合小批量生产，甚至要适应试制品那样的单件或少量产品的生产。这些因素促成了各种复合化程度更高的复合机床的开发，这些复合机床都追求一次装夹完成全部加工。机床复合化程度越来越高，一台复合机床就相当于一条生产线。在近年来的机床展会上，复合机床的展品很多，高复合化程度成为最新发展动向。

FANUC 的最新 30i、31i、32i 系列数控系统都是高性能的控制系统，可采用多路纳米补偿，适合复合程度高的机床的多轴、多轨迹纳米控制，增强了加速度控制（Jerk 控制）和纳米平滑功能，并有丰富的 5 轴联动加工功能和三维干涉检查功能。还有适合超精加工机床的纳米伺服系统，增加了主轴电动机、直接驱动电动机、同步内装伺服电动机，提高了检测器的精度，实现了高速、高精度的 HRV 控制。

第四节　数控机床先进制造技术与数控装备

一、先进制造技术的内涵

通常把原材料变成市场所需要的产品过程中所采用一系列的技术统称为制造技术。制造技术应用的产业范围为制造业，它涵盖了包括信息与电子技术、材料技术、空间科学技术等大制造范围。而机械制造业包括金属制品业、普通机械制造业、专用设备制造业、交通运输设备制造业、电气机械及器材制造业、仪器仪表及文化办公用机械制造业、电子专用设备制造业等。

先进制造技术可理解为传统制造业不断地吸收机械、信息、材料及现代管理技术等方面的最新成果，并将其综合应用于产品开发与设计、制造、检测、管理及售后服务的制造全过程，实现优质、高效、低耗、清洁、敏捷制造，并取得理想技术、经济效果的前沿制造技术的总称，即传统制造技术、信息技术、自动化技术和现代管理技术的有机融合。

（一）先进制造技术的内容

21世纪初，由中国机械工程学会牵头，由16位院士、专家组成"制造技术发展研究综合专题组"，对国内外制造技术的发展趋势、我国制造技术发展现状、实现全面小康社会对制造技术的战略性需求等问题进行深入的调查研究，提出我国制造技术发展战略和战略重点。

I. 高端制造技术

主要是生物、纳米、新材料、新能源等高技术的发展而引发的制造技术，其最具代表性的是微米/纳米制造技术、生物制造技术。例如，以光刻技术为核心的集成电路前段生产技术，以芯片封装为代表的集成电路后段生产技术，以化学机械抛光（CMP）技术为代表的磁头、磁盘、晶片的纳米级精密加工技术，以等离子增强化学气相沉积为代表的第五代平面显示屏的关键生产技术与设备，纳米级自复制自组装制造技术，以扫描隧道显微镜为代表的分子级量测和制造技术，用于DNA、基因、药物等生物工程的特种精密器械设计制造技术、光子和光力器件精密制造技术（包括光能发生技术、光能传送技术、光能变换控制技术、光能接插、开关技术、输出技术等）、微器件技术、微机电系统（MEMS）、高制造技术物化的高技术装备和高技术产业发展所需装备。

2.先进制造技术

主要是信息技术与传统制造业技术相结合的制造技术。例如，机器人技术及以其为核心的自动化生产设备，数字化制造技术，CAD、CAE、CAPP、CAM 技术，快速原形制造技术，激光加工技术，近净成形技术，精密和超精密加工技术，工艺模拟优化技术，网络化制造技术。

3.传统制造技术

例如，铸造、锻造、焊接、切割、热处理、电镀、油漆、车削、铣削、刨削、钻削、磨削等。

（二）关于制造系统

将制造系统定义如下：制造系统是制造过程及其所涉及的硬件、软件和人员所组成的一个将制造资源转变为产品或半成品的输入输出系统，它涉及产品生命周期（包括市场分析、产品设计、工艺规划、加工过程、装配、运输、产品销售、售后服务及回收处理等）的全过程或部分环节。其中，硬件包括厂房、生产设备、工具、刀具、计算机及网络等；软件包括制造理论、制造技术（制造工艺和制造方法等）、管理方法、制造信息及其有关的软件系统等。制造资源包括狭义制造资源和广义制造资源：狭义制造资源主要指物能资源，包括原材料、坯件、半成品、能源等；广义制造资源还包括硬件、软件、人员等。

由上述制造系统的定义可知，机械加工系统可看成是一种制造系统，它由机床、夹具、刀具、被加工工件、操作人员、加工工艺等组成。机械加工系统输入的是制造资源(毛坯或半成品、能源和劳动力)，经过机械加工过程制成产品或零件输出，整个过程是制造资源向产品（成品）或零件的转变过程。一个正在制造产品的生产线、车间乃至整个工厂可看作是不同层次的制造系统；一个跨地区的企业联盟，一个全球化的跨国公司可看作是一种更高层次的制造系统。

（三）先进制造系统的内涵

业内专家在综合国内外有关研究的基础上，将先进制造系统定义为：在制造系统的设计和组建及其制造过程的建模、运行、决策、控制和管理中不断吸收和综合应用制造技术、信息技术、管理技术和系统科学等领域的先进技术和成果，带动制造系统模式及体系结构的创新和制造过程的优化，从而快速、优质、高效、低耗、无害环境和低成本地制造出市场需求的产品和服务市场的制造系统。其特点表现在：①集成特性（Integration Feature）。包括信息集成（如计算机集成制造）、过程集成（如精益生产、并行工程）、企业间集成（如敏捷制造、网络化制造）、人机集成等。②以顾客为中心组织生产。例如精益生产模式力求在整个产品生命周期从订货到售后服务都得到顾客的参与，并行工程则将面向顾客的制造作为一项重要内容。③快速响应（Quick Response）。如精益生产和并行工程从制造过程的优化着手来缩短产品制造周期；敏捷制造从快速组成动态联盟从而实现跨企业优化利用资源来快速响应市场；虚拟制造借助计算机仿真来减少设计和制造的返工，加快产品上市周期。④满意质量（Satisfied Quality）。如 CIMS 所强调的质量信息系统、精益生产所强调的全面质量管理（Total Quality Management，TQM）、敏捷制造的质量保证体系都体现了这一特性。⑤绿色特性（Green Feature）。随着全球环保意识的增强和制造资源的日益紧张，绿色化必将成为现代制造系统模式的一大特征。

二、先进制造技术的发展战略

长期以来，我国政府十分重视先进制造技术的发展，积极制订有关发展战略规划和计划，投入大量的经费，并制定相应政策促进和引导先进制造技术的发展和应用。21 世纪初，由于制造业全球化进程加快及信息技术、材料技术和生物技术的迅猛发展，制造技术出现了一系列新的变化。

（一）高技术化

在高技术的带动下，制造技术的发展也将出现前所未有的新进展，一批研发投入比例高、职工中科技人员比例高、技术含量高等符合高技术特征的制造技术应运而生。微加工成为常规性制造技术。制造业的常规性尺度将由微米级精度下移一两个数量级，亚微米及纳米级制造及测量将成为制造技术和制造工艺的主流。光加工、光化学加工、光电加工技术广泛应用。生长型制造的比重迅速提高。特别是在微制造领域，"从下而上"的制造和生长/去除（"从下而上"＋"从上而下"）复合型制造将成为主要的制造方式。生物加工和为生物技术提供仪器设备成为制造业的重要组成部分，对生物体、柔性体的处置加工成为与加工金属体和刚性体同样普遍的制造方式。制造技术与材料技术更加密不可分。特别是纳米材料的应用将促使制造业发生巨变，无论是产品设计还是制造过程，都因此产生根本性的改变。实验设备制造成为重要的新兴行业。对于芯片、科学仪器、医疗器械、生物工程设备等，从实验性生产到规模化生产、从试验装置到量产设备的界限逐渐消失。传统机械制造方式与化工制造方式进一步融合。精密化工过程，如超级粉碎、超净过滤、精确分离、受控和智能化传质传热、吸收萃取、搅拌反应等与机械制造过程相互渗透，在医药工业、生物工程、农业工程方面尤其如此。可控和复合表面工程技术成为广泛应用的精密制造技术。在微观尺度上，对表面力学、表面物理、表面化学、薄膜性能的研究将创造出性能更好、体积更小的微电子和光子元器件；在宏观尺度上，可控和复合表面技术将成为广泛应用的精密制造技术。

（二）信息化

信息技术与制造技术相融合，将给制造技术带来更深刻的，甚至是革命性的变化。具体表现在以下方面：①产品信息化和数字化。将传感技术、计算机技术、软件技术"嵌入"制造业的产品，实现产品的信息化和数字化，不仅可以提高其性能，使之升级，还可使之具有"智慧"，代替人的部分脑力及体力劳动，从而满足国民经济和人民生活日益增长和个性化、多样化的需求。②设计、制造过程的数字化、信息化与智能化。设计制造过程的数字化、信息化与智能化的最终目标不仅是要快速开发出产品或装备，而且要努力实现产品或零部件一次开发成功。因此，美国提出了基于建模与仿真的可靠制造。③制造装备高精度、高效与智能化。信息技术的应用将大大提高制造装备的精度与效率，并实现自动化与智能化。④制造的网络化。在经济全球化的格局下，基于网络的制造技术将得到广泛应用，制造装备和制造系统的柔性与可重组成为21世纪制造技术的显著特点。⑤管理的信息化。迅速发展的信息化和国际化及激烈的市场竞争环境，彻底改变了制造业的传统观念和生产组织方式，加速了现代管理理论的发展和创新。因此，在信息化的推动下，全球正在兴起"管理革新"的浪潮。

（三）绿色制造

面对日趋严峻的资源和环境约束，世界各国都在制定或酝酿可持续发展的战略和规划。所谓"再制造"是指以产品全寿命周期理论为指导，以废旧产品实现翻新为目标，以优质、高效、节能、节材、环保为准则，以先进技术和产业化生产为手段，来修复、改造废旧产品的一系列技术措施或工程活动。简而言之，再制造是废旧机电产品用高技术维修的产业化。"无废弃物制造"是指加工制造过程中不产生废弃物，或产生的废弃物能被其他制造过程作为原料而利用，并在下一个流程中不再产生废弃物。

可持续发展战略与规划将对企业在合理开采和利用自然资源、从源头杜绝污染和破坏生态环境、开创更多就业机会三方面提出更高的要求。制造业是消耗资源的大户、污染环境的源头和提供就业岗位的主要行业之一，因此，制造业必将成为可持续发展政策和规划的关注焦点。我国人民代表大会也已颁布"清洁生产促进法"，促进制造业符合可持续发展的要求。

（四）极端制造

制造技术正在从常规制造、传统制造向非常规制造及极端制造发展。极端制造是指在极端制造环境下，制造极端尺度或极高功能的器件和功能系统。当前，极端制造集中表现在微细制造、超精密制造和巨系统制造。如制造微纳电子器件、微纳光机电系统等极小尺度和极高精度的产品；制造空天飞行器、超常规动力装备、超大型冶金和石油化工装备等极大尺寸和极强功能的重大装备。现代制造科学和技术的重要前沿将在物质结构与运动的多层次、多尺度条件下探索极端制造规律，它将成为制造业发展的科技先导，也是建立具有国际核心竞争力的经济体系和国防体系的基础。

（五）集成创新

在市场需求的驱动下，人们将已获取的新知识、新技术创造性地集成起来，以系统集成的方式创造出新产品、新工艺和新技术，满足不断发展的需求。

对于发展中国家而言，原创性技术创新固然重要，但面向市场需求的系统集成创新应置于优先的位置。集成创新是一种风险小、成本低、周期短，但具有重大商业价值的创新方式，它同样可以成为实现技术跨越的突破口。从大型运载火箭、波音747飞机到家用电器，从普通机床到加工中心、激光加工设备，从打印机到超级计算机等，大都是集成创新的产物。《中国制造2025》作为部署全面推进实施制造强国的战略文件，是中国实施制造强国战略第一个十年的行动纲领和路线图，提出通过努力实现中国制造向中国创造、中国速度向中国质量、中国产品向中国品牌三大转变，推动中国到2025年基本实现工业化，迈入制造强国行列。在这一过程中，智能制造是主攻方向，也是从制造大国转向制造强国的根本路径。立足国情，立足现实，力争通过"三步走"实现制造强国的战略目标。

在大力推动重点领域突破发展中，高档数控机床和机器人是重点之一，其中在高档数控机床方面，要求开发一批精密、高速、高效、柔性数控机床与基础制造装备及集成制造系统。加快高档数控机床、增材制造等前沿技术和装备的研发。以提升可靠性、精度保持性为重点，开发高档数控系统、伺服电机、轴承、光栅等主要功能部件及关键应用软件，加快实现产业化。加强用户工艺验证能力建设。"互联网+"的提法是一个前所未有的高度，正是站在这个新的战略高度，期待实现信息技术和传统产业的"生态融合"的全新定位，《中国制造2025》与"互联网+"的一个重要契合点就是"互联网+制造"，其中，制造的一个重要内容就是智能装备。

在新的历史时期，全球经济形态正在不断发生剧烈变化。在国家政府层面的发展战略的正确引导下，作为"工作母机"的高端数控机床以及相关的高端制造业必将迎来新的春天。

三、先进制造技术及装备

发展一大批具有自主知识产权的装备制造企业集团，满足工业、能源、交通、国防等方面的需要。鼓励通过兼并收购、参与企业改革以及企业联合等方式，形成一批科技领先、产品先进、跨领域、跨区域、具有较强综合实力的大型企业集团，使整个行业的集中程度、盈利能力、国际竞争力和抗风险能力都得到明显的提高。同时，通过进口替代也有助于提高龙头企业的盈利能力。由于进口产品基本是中高端产品及附加值较高的核心部件，在国家提高产品自主化的背景下，技术较为先进的龙头企业的高端产品将逐步被国内用户采用，使其市场份额和盈利能力明显得到提升。

（一）高档数控机床及基础制造装备关键技术

高档数控机床与基础制造装备是工业现代化的基石，也是保证国防工业和高技术产业发展的战略物资。我国工业的现代化，特别是制造业的现代化，需要装备制造业提供先进的制造手段。我国在数控机床共性关键技术研究、数控机床开发数控系统和普及型数控机床产业化工程研究等方面取得了一定的进展，在一些共性技术和关键技术上有重大突破，但整体上与工业发达国家相比，仍存在较大的差距。按价值计，数控机床70%依赖进口，高档数控机床几乎全部依赖进口，电子工业专用设备90%依赖进口。因此，专家建议将高档数控机床及基础制造装备作为核心技术，以增强我国制造基础装备水平，提高我国制造业的国际竞争力。

（二）数字化、智能化设计制造与管理技术

21世纪初的制造业，正在从以机器为特征的传统技术时代，向数字化、智能化和系统化技术时代迈进，将进入增强企业在不可预见的多变环境中快速响应能力的敏捷制造阶段，以及合理开发利用资源、保护生态环境、实现经济—社会—环境相互协调和可持续发展的绿色制造阶段。数字化、智能化设计制造和管理技术是以信息化带动工业化的突破口，是提高产品质量、生产效率，降低消耗，带动产品设计方法和工具创新的重要手段，是推动产业发展的核心技术。

（三）微米／纳米制造技术

产品的功能集成化和外形小型化，使零部件的尺寸日趋微小化。进入人体的医疗机械和管道自动检测装置等都需要微型的齿轮、电动机、传感器和控制电路，这些需求带动了微细加工和纳米制造技术的发展，也促使了微型机械向系统化方向发展，并形成了有广阔发展前景的微机电系统（MEMS）。我国在微机械研究方面，先后研制出静电、电压和电磁式的微电动机，微泵与微阀、压电与形状记忆合金微夹钳以及微操作系统模型等，建立了两个微加工基地（IC、LIGA）和一个项目研究中心。

（四）百万千瓦级核电机组设计制造技术

核能是一种清洁、可以大规模开发利用的能源。目前，国际上核能广泛采用的压水堆属于热中子反应堆。世界核电技术发展经过了第二代及第二代改进型商业运营后，研究开发了采用非能动安全技术的第三代技术，目前已开发了100万kW、150万kW大容量的第三代核电机组。我国核电建设已由起步阶段步入小批量建设阶段。目前，我国已能自主设计和制造30万千瓦的压水堆核电站，具备了自主设计60万kW压水堆核电站的能力，但还不具备独立设计、制造百万级核电站的能力。与国际核电发展先进国家相比，尚有较大差距。为此，从建立我国多元、稳定、安全、合理的能源结构角度出发，发展掌握100万kW核电机组设计制造技术，形成自主创新能力，无论从国家的宏观政策、电力市场需

求、保护资源、改善环境以及能源的可靠供应及核能的安全性考虑，还是从发展和稳定核工业体系和人才队伍的角度来看，都是十分必要的。

（五）流程工业绿色制造与自动化技术

当前，我国钢铁、有色金属、石油化工及轻纺工业和建材工业等大多数资源加工工业，在研究开发若干共性平台技术、界面匹配技术、流程集成新技术和动态运行技术（包括信息化、智能化调控系统）的基础上优化集成，形成新一代绿色制造流程，为国民经济和人民生活提供各种高性能和低成本的绿色材料。在流程工业绿色制造与自动化技术方面，根据我国国情，专家建议的重点技术项目包括：新一代焦炉（SCOPE21）关键技术；熔融还原—薄带连铸技术；低成本、高效、绿色的结晶钢生产平台；百万吨级乙烯生产工艺及关键设备成套技术；节能型建筑材料绿色制造技术与设备；轻纺新材料绿色制造技术与设备。

（六）节能轿车和新能源汽车技术

①发展安全、环保、节能型汽车。②注重柴油车、电动汽车和代用燃料汽车的研究。在这方面，动力蓄电池的技术突破使纯电动汽车在特定领域得到应用；混合动力汽车开始批量生产，投放市场；氢能燃料电池汽车技术不断取得新的突破，开始步入商业化示范阶段。③汽车电子技术引发汽车技术的全面变革。④汽车轻量化促进材料、结构和制造技术的发展。⑤各国政府积极通过技术法规引导汽车技术的发展方向。

我国汽车工业的研究开发能力和产品综合技术水平经过20多年的发展有了较大提高，已经取得了许多重要成果，但仍然没有改变我国在世界汽车工业发展中的弱势地位，尤其是不具备发动机自主开发能力和关键零部件基础薄弱的状况，成为制约我国汽车产业持续发展的瓶颈。要解决上述问题就必须从基础入手，迅速建立我国自主产品开发基础平台，提高应用研究技术实力和对核心关键技术的掌控能力。

（七）高速铁路成套装备设计制造技术

国际高速铁路的发展主要是在快速、高速客运装备等方面。客运快速化、高速化是近半个世纪以来世界铁路客运发展的一个重要趋势，快捷、重载货物运输是世界铁路货运发展的两个重要方向。其中快捷货物运输自20世纪80年代起在世界各主要路网逐步发展起来，走在前列并具有代表性的是德国和法国。重载货物运输主要利用铁路现代化装备，大幅度增加货物列车编组辆数，提高列车重量，采用一台或多台大功率内燃或电力机车牵引的组织方式，有效地提高铁路的运输效率和效益，形成了以美、加铁路为代表的重载单元列车和以俄罗斯铁路为代表的超长超重组合列车两种形式。

我国在货运重载、客运提速装备以及铁路信息化和建立行车安全保障体系等方面取得了重大成就，但在轨道交通装备、高速客运干线列车最高运行速度下的牵引动力装备等方面与国外存在较大差距。另外，在线路维修装备、信息化装备、信号和行车安全保障装备、安全保障体系等方面，我国尚处于起步研究阶段，自主产业基础技术远未达到国际最先进水平。因此，将高速铁路成套装备设计制造技术作为核心技术发展，提升我国高速铁路成套技术水平与装备的产业化能力，将从根本上解决铁路运能与需求的矛盾。

（八）网络家电技术

智能网络家电是将数字技术、网络技术和智能控制技术应用到传统家电而形成的。主要研究开发模糊控制技术、模糊控制传感器、变频技术、数字技术和网络技术等在家电产品中的应用，也就是说，形成一个智能的、可以遥控的家庭网络。自 2021 年以来，全球范围内掀起了研究开发家庭网络技术的热潮，我国有关标准组织如中国通信标准化协会正在研究制定相关的技术标准，海尔等企业也在积极开发网络家电产品。家用电器与人民生活密切相关，具有巨大的市场空间。我国已成为家用电器的生产大国，家电生产也是我国有一定优势的产业。因此，面对正在兴起的网络家电热潮，我国只有尽快构造出网络家用电器的体系结构，形成我国自己的系统专有技术，才能在未来的网络家用电器国际竞争中占据优势地位。

（九）网络制造技术

网络化制造是指面对市场机遇，针对某一市场需要，利用以互联网为标志的信息高速公路，灵活而迅速地组织国际和国内的制造资源，把分散在不同地区的现有生产设备资源、智力资源和各种核心能力，按资源优势互补的原则，迅速地组合成一种没有围墙的、超越空间约束的、靠电子手段联系的、统一指挥的经营实体——网络联盟企业，以便快速推出高质量、低成本的新产品，迅速占领市场。

实践证明，诸如网络制造等先进生产模式的应用比硬技术的进步对经济增长的贡献更大。

（十）绿色制造技术

20 世纪 90 年代，国际上提出了绿色制造，又称清洁生产和面向环境的制造。目前，世界各国在绿色产品设计、绿色洁净生产、废旧产品的回收利用和再制造等方面都开展了大量研究和开发工作，并取得了初步成果。可以预见，21 世纪的制造业将是清洁化的制造业，谁掌握了绿色生产技术，谁的产品符合"绿色产品"标准，谁就掌握了主动权，就会在竞争中取得成功。

（十一）深海资源开发装备设计制造技术

21 世纪是人类全面认识、开发利用和保护海洋的新世纪。海洋经济必将成为世界经济中一个引人注目的新增长点。随着全球性海洋资源开发的展开，深海资源的开发备受关注，其中世界各国对海洋装备包括探测装备、开采装备及大型与超大型海洋结构物

（VLFS）以及海洋工程装备的深水化技术的需求与日俱增。海洋油气开发将是我国油气产量的主要增长点。面对世界海洋经济的发展势态，面对我国经济持续发展对能源的迫切需求，发展海洋工程装备对我国未来经济、社会长期持续稳定发展具有重大战略意义。

（十二）关键基础件设计制造技术

基础元器件（简称基础件）是组成产品最小的功能单元，它的性能、质量、寿命和可靠性直接关系着主机的性能、质量、寿命和可靠性，它的技术水平决定了主机的水平，没有高水平的基础元器件就没有高水平的主机。关键基础元器件主要有传感器、功能材料、轴承、齿轮、液压件、气动件、密封件等。

随着基础件的不断发展，其呈现出如下发展趋势：以新原理、新功能、新结构、先进制造和新工艺为主的新一代基础元器件不断涌现，引领主机产品技术发展；产品设计向个性化、多样化方向发展，以满足各行各业主机发展需要；产品质量向更高性能、更高寿命、更高可靠性方向发展，促使主机性能、质量和可靠性不断提高；制造技术向系统化、自动化和智能化方向发展，确保产品质量，降低成本，争夺市场；为实现节能、节材和环境保护、无污染的目标，不断研究新技术、开发新产品。因此，把关键基础件设计制造技术作为核心技术，对提高我国主机的性能和水平，从而提高我国制造业的国际竞争力具有重要意义。

第二章　数控机床运动控制

第一节　数控机床进给插补

一、插补概念

加工程序给出的进给运动信息一般包括最基本的轮廓线型——直线或圆弧，以及直线或圆弧线段的起点和终点，圆弧的圆心或半径，进给速度等信息。进给运动的信息输入数控系统后，数控系统运用软件（插补程序）的一定算法，在轮廓的起点和终点之间计算出若干个逼近理想轮廓的中间点的坐标值，如图 2-1（a）（b）所示，可形象地看作在轮廓的起点和终点之间"插补"了若干个中间点，起点、插补点、终点的连线称为插补轨迹。而后，CNC 根据插补结果分配各坐标轴进给运动任务，发出指令，控制各方向坐标轴实现进给运动，最终各轴进给合成沿插补轨迹的进给运动。

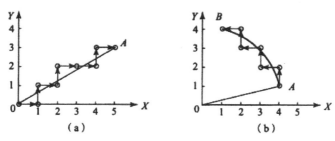

图 2-1　插补概念——在起点、终点间寻找中间点

插补方法，即数控系统软件处理进给程序指令，获得控制各轴进给伺服系统指令的方法。

在轮廓的起点和终点之间计算出若干个中间点的过程，是以脉冲当量为最小分段单位，对加工路径数据密化的过程。在该过程中，由于每个中间点计算所需的时间直接影响系统的控制速度，而每个插补中间点的计算精度又影响整个系统的控制精度，所以，插补算法对整个数控系统的性能指标至关重要，可以说插补是整个数控系统控制软件的核心。

用数字脉冲信号控制某方向进给运动时，CNC 每发送一个脉冲，驱动电机就转过一个特定的角度，通过传动系统带动工作台移动一个微小的距离。单位脉冲作用下工作台移动的距离就称为脉冲当量。如某CNC机床单位脉冲对应的移动量为0.001mm，则0.001mm为该机床的脉冲当量，也称最小位移单位。

直线和圆弧是构成工件轮廓的基本线条，因此大多数数控系统都具有直线和圆弧的插补功能。实际的零件轮廓线可能既不是直线，也不是圆弧，这时必须对零件的轮廓线进行直线或圆弧的拟合，才能对零件轮廓进行插补加工。一些数控系统还具有抛物线、螺旋线等插补功能。

二、插补方法主要分类

目前应用的插补方法主要分为两大类：基准脉冲插补法和数据采样插补法。

（一）基准脉冲插补法

基准脉冲插补法又称为脉冲增量插补法或行程标量插补法。这类插补方法的特点是每次插补结束，数控装置向每个运动坐标输出基准脉冲序列，驱动各坐标轴的电机运动。每个脉冲代表机床移动部件的最小位移，脉冲的频率代表移动部件运动的速度，而脉冲的数量代表机床移动部件的位移量。这种插补方法有逐点比较法、数字积分法、数字脉冲乘法器、比较积分法和最小偏差法等。

（二）数据采样插补法

随着计算机技术和伺服驱动技术的发展，以直流、交流伺服电动机为驱动元件的计算机闭环数字控制系统已成为数控的主流，在这些系统中，一般都采用不同类型的数据采样插补算法。数据采样插补法又称为数据增量插补法或时间标量插补法。这类插补方法的特点是插补输出的不是单个脉冲，而是标准的二进制数据。

数据采样插补法就是将被加工的一段零件轮廓曲线用一系列首尾相连的微小直线段去逼近，如图 2-2 所示。由于这些小线段是通过将加工时间分成许多相等的时间间隔（插补周期 T）而得到的，故又称为"时间分割法"。

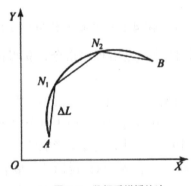

图 2-2　数据采样插补法

数据采样插补一般分两步来完成。第一步是粗插补，即计算出这些微小直线段；第二步是精插补，它是在粗插补计算出的每一微小直线段上再做"数据点的密化"工作。

插补周期是调用插补程序的时间间隔；采样周期是位置反馈装置的采样时间间隔。在每个插补周期内，粗插补计算出坐标位置增量值；在每个采样周期内，精插补对反馈位置增量值以及插补输出的指令位置增量值进行采样，算出跟随误差，由位置伺服软件根据当前的跟随误差算出相应的坐标轴进给速度指令，输出给驱动装置。

一般将粗插补运算称为软插补，用软件实现，而精插补可以用软件，也可以用硬件实现。数据采样插补法常用的有扩展数字积分法、直线函数法、双数字积分法等。

第二节　数控机床进给伺服系统与系统机械

一、进给伺服系统

（一）进给伺服系统的概念

如果说 CNC 装置是数控机床的"大脑"，是发布"命令"的指挥机构，那么伺服驱动系统便是数控机床的"四肢"，是执行机构。CNC 装置对进给运动的加工程序指令插补运算处理后，发来进给运动的命令，伺服驱动系统准确地执行命令驱动机床的进给运动。因此，伺服控制系统是连接数控装置与机床的进给运动机构的枢纽，是影响数控机床的进给运动精度、稳定性、可靠性、加工效率的重要因素。数控机床进给伺服系统由控制器、伺服驱动器、伺服电机、机械传动机构及执行部件组成。

机床有几个方向的运动坐标，就应有几套进给伺服系统。进给伺服系统接收数控装置发出的进给运动控制信号，由伺服驱动电路做一定的转换和放大后，驱动伺服电机旋转，然后通过传动装置转换成进给运动。如滚珠丝杠螺母副将旋转运动转换成沿导轨的直线进给运动。滑台上或电机上的反馈装置测量实际位移并反馈到 CNC 与指令值相比较，构成闭环误差随动控制。

数控机床的进给伺服系统与一般机床的进给系统有本质上的区别，它能根据 CNC 发出的指令信号精确地控制执行部件的运动速度与位置，以及同时控制几个进给运动的执行部件按一定规律协调运动，合成加工程序指令的进给运动轨迹。

高性能的数控进给伺服系统，在很大程度上决定了机床的加工精度表面质量和生产效率。数控进给伺服系统的性能取决于组成它的伺服驱动系统与机械传动机构中各环节的特性，也取决于进给系统中各环节性能、参数的合理匹配。

（二）开环进给伺服系统

1.开环进给系统特点

开环系统是最简单的进给系统，这种系统的伺服驱动装置主要是步进电机等。由数控系统送出的进给指令脉冲，经驱动电路控制和功率放大后，使步进电机转动，经传动装置驱动执行部件。

由于步进电机的角位移量和角速度分别与指令脉冲的数量和频率成正比，而且旋转方向决定于脉冲电流的通电顺序，因此，只要控制指令脉冲的数量、频率以及通电顺序，便可控制执行部件运动的位移量、速度和运动方向。这种系统不需要对实际位移和速度进行测量，更无须将所测得的实际位置和速度反馈到系统的输入端与输入的指令位置和速度进行比较，故称为开环系统。

系统的位移精度主要取决于步进电机的角位移精度、齿轮丝杠等传动元件的节距精度以及系统的摩擦阻尼特性，所以系统的位移精度较低。此外，由于步进电机性能的限制，开环进给系统的进给速度也受到限制。

开环进给系统的结构较简单，调试、维修、使用都很方便，工作可靠，成本低廉，在一般要求精度不太高的机床上曾经得到广泛应用，现代的数控机床一般使用直流或交流伺服电机的半闭环和闭环进给系统。

2.步进电机

（1）步进电机的运行

步进电机如同普通电机，有转子、定子和定子绕组。定子绕组分若干相，每相的磁极上有极齿，转子在轴向上也有若干个齿。当某相定子绕组通以直流电激磁以后，便能吸引转子，使转子上的齿与定子的极齿对齐。假如我们不断改变定子相的通断电顺序，将得到一个不断变化的磁场，转子将追随磁场的变化而转动。因此，步进电机是按电磁铁的作用原理进行工作的。

控制步进电机按规定的相序实现定子绕组通、断电转换的是 CNC 的输入控制脉冲。CNC 向步进电机的驱动电路每输入一个脉冲，步进电机按规定的相序实现一次定子绕组相位的通、断电转换。电机轴就转过一个步距角 θ，即常说的走了一步。如果连续不断地输入脉冲信号，相位按规定的相序不断实现通、断电转换，电机轴则一步一步地连续进行角位移，步进电机也就旋转起来了。当中止脉冲信号输入时，电机将立即无惯性地停止运动。所以步进电机在工作时，有运转和定位两种基本运行状态。

（2）步进伺服电机特点

由以上分析可知，步进电机是一种用脉冲信号进行控制，并将脉冲信号转换成相应角位移的控制系统。其角位移与脉冲数成正比，转速与脉冲频率成正比，通过改变脉冲频率可调节电动机的转速。如果停机后某些绕组仍保持通电状态，则系统还具有自锁能力。从理论上讲，其步距误差不会累积。步进电机伺服结构简单，符合系统数字化发展需要，但精度差、能耗高、速度低，且其功率越大，移动速度越低，特别是步进伺服易于失步，其主要用于速度与精度要求不高的经济型数控机床。

3.步进电动机的微机控制

微型计算机的迅速发展与普及，为设计功能强而价格低廉的步进电动机控制器提供了条件。该方式用微型计算机系统的数个端口直接控制步进电动机各相驱动电路。微型计算机系统向步进电动机的各相驱动电路分配脉冲，脉冲分配的方法有两种：一种是纯软件的方法，即完全用软件来实现相序的分配，直接输出各相导通或截止的信号；另一种是软、硬件相结合的方法，有专门设计的一种编程接口，计算机向接口输入简单形式的代码资料，而接口输出的是步进电动机各相导通或截止的信号。

（三）闭环进给伺服系统

I.闭环进给系统特点

这类进给伺服驱动是按闭环反馈控制方式工作的，其驱动电动机可采用直流或交流电机，并需要配置位置反馈和速度反馈，在加工中随时检测移动部件的实际位移量，并及时将其反馈给数控系统中的比较器，与插补运算所得到的指令信号进行比较，获得的差值又作为伺服驱动的控制信号，进而带动位移部件以消除位移误差。

按位置反馈检测元件的安装部位及所使用的反馈装置的不同，闭环进给系统又可分为半闭环进给系统和全闭环进给系统。

（1）半闭环进给系统

半闭环进给系统具有检测和反馈系统，如图 2-3 所示。测量元件，如脉冲编码器、装在丝杠或伺服电机轴的端部，通过测量元件检测丝杠或电机的回转角，间接测出机床运动部件的位移，经反馈回路送回控制系统和伺服系统，并与控制指令值相比较。如果二者存在偏差，便将此差值信号进行放大，继续控制电机带动移动部件向着减小偏差的方向移动，直至偏差为零。由于只对中间环节进行反馈控制，丝杠、螺母部分还在控制环节之外，故称半闭环。对丝杠、螺母的机械误差，需要在数控装置中用间隙补偿和螺距误差补偿等措施来减小。

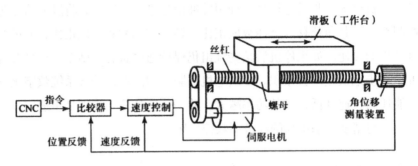

图 2-3　半闭环进给系统

（2）全闭环进给系统

如图 2-4 所示，与半闭环进给系统的不同在于，全闭环进给系统的位置反馈装置采用直线位移检测元件（目前一般采用光栅尺），安装在工作台上，可直接测出工作台的实际位置。该系统将所有环节都包含在控制环之内，通过反馈可以消除整个机械传动链中的传动误差，从而得到很高的机床定位精度。但系统结构较复杂，控制稳定性较难保证，成本高，调试维修困难。

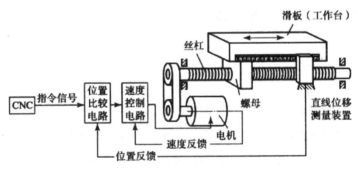

图 2-4　全闭环进给系统

2.闭环进给系统的一般结构

全闭环和半闭环进给系统的方案是多种多样的，但结构上有共同之处，它的主要组成部分如下。

（1）CNC

处理进给运动程序，输出进给位置与速度指令给进给系统。

（2）控制器（比较器）

将输入信号与反馈信号进行比较，输出位置偏差信号，偏差信号为零时，系统才停止工作。

（3）驱动器

将偏差信号变换成电压，经放大后输给伺服驱动装置。

（4）驱动电机

得到驱动电压信号后，输出功率保证足够的运动速度。

（5）进给运动装置

经进给系统的机械传动部件传动，执行部件以指令速度进行位移。

（6）检测装置

测量执行部件的实际位移，将其转换成电信号向控制器反馈。

3. 闭环伺服驱动电机

不同的进给伺服系统控制方式，使用的驱动电机不同，开环进给伺服系统使用步进电机，闭环进给伺服系统使用直流或交流驱动电机。

（1）直流伺服电机

数控机床的半闭环、闭环直流进给伺服系统多使用永磁式直流伺服电机，具有良好的调速特性，转子惯量大，调速范围宽。

永磁式直流伺服电机由机壳、磁极（定子）、电枢（转子）和换向器等组成。

如图2-5所示为永磁式直流电机原理图。在工作中固定不动的定子，是一个永久磁体，由此建立磁场。电枢由有槽铁心和绕组组成，属于转动部分，通过电刷和换向片与外加电枢电源相连，换向器的作用是将外加的直流电源引向电枢绕组，完成换向工作。

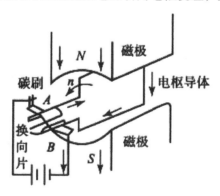

图2-5　永磁式直流电机原理图

当电枢绕组中通过直流电时，在定子磁场的作用下就会产生带动负载旋转的电磁转矩，驱动转子旋转。通过控制电枢绕组中电流的方向和大小，来控制直流伺服电动机的旋转方向和速度。

（2）交流伺服电机

随着交流变频调速技术的飞速发展，交流伺服电机得到了广泛应用。它克服了直流电动机的缺陷，同时又发挥了坚固耐用、转子惯量小、经济可靠及动态响应好等优点。交流伺服系统日益普及，已逐步取代了直流伺服系统。

交流伺服电机分异步电机和同步电机两类，其电动机旋转机理都是由定子绕组产生旋转磁场使转子运转。异步电动机（感应式）常用于主轴伺服系统；永磁式同步伺服电机多用于数控机床的进给驱动系统。

永磁式交流同步伺服电机为多磁极结构，如图2-6所示，主要分为三部分：定子、转子和检测元件。定子有齿槽，内有三相绕组，其外形呈多边形，利于散热；转子由多块永久磁铁和铁心组成。

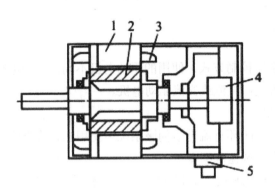

1—定子；2—转子；3—定子三相绕组；

4—脉冲编码器；5—出线盒

图2-6 交流同步伺服电机组成

交流同步电机的转速与电源的频率之间存在严格的关系，即在电源电压和频率固定不变时，其转速保持稳定不变。若采用变频电源给同步电机供电，可方便地获得与频率成正比的速度，伺服电动机的转速等于旋转磁场的同步转速：

$$n = 60f/P$$

式中：f——电源频率；P——磁极对数。

由上可见，旋转磁场的同步转速由交流电的频率决定，频率高，转速高；频率低，转速低。因而交流电动机可以用改变供电频率的方法来调速，同时可以得到较好的机械特性及较宽的调速范围。

4.闭环伺服系统的位置检测装置

在以闭环伺服方式的进给控制过程中，必须用位置测量元件检测坐标移动部件的实际位置或位移，并将该值反馈给位置指令部件与指令值进行比较，以便根据误差对系统进行相应的调节。数控机床的坐标测量分为绝对测量与增量测量。

（1）绝对测量

绝对测量是测量目标相对绝对零点位置的测量系统，能直接读出测量目标的坐标位置。绝对测量的原理很简单，相当于在具有绝对零点的坐标刻度轴上直接读出点在该坐标轴的　数值。

绝对测量装置对于被测量的任意一点的位置均由数控机床坐标系的固定零点标起，每一个被测点都有一个相应的数值，根据读数可直接得知运动部件的位置。

绝对测量的优点是：机床工作台有确定的绝对位置，开机后就可测量到目标点的坐标值。由于绝对测量装置本身具有机械式存储功能，即使停电或其他原因造成坐标值清除，通电后，仍可找到原绝对坐标位置，这对发生故障后找到故障位置，恢复工作有好处。但其缺点是结构复杂、成本高、价格高。

绝对式光电编码器就是在码盘的每一转角位置刻有表示该位置的唯一代码，因此称为绝对码盘或编码盘。绝对式光电编码器是通过读取编码盘上的代码来测定转角位置的，它是目前使用最广泛的绝对式的转角位置检测装置。如图 2-7 所示是四位二进制编码盘。

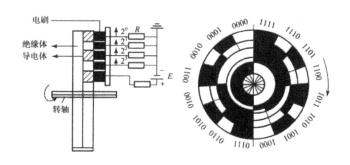

图 2-7　四位二进制编码盘

（2）增量测量

增量测量的特点是：只测位移量，如测量单位为 0.01mm，则每移动 0.01mm 就由检尺发出一个脉冲信号。每个脉冲表示单位位移。因此，增量测量就是相对测量，通过计数器的累计脉冲数得知位移增量值。其优点是测量装置较简单，任何一个都可作为测量的起点。在轮廓控制的数控机床上大都采用这种测量方式。增量测量方式按检测装置的检测位置分直接测量和间接测量。

①直接测量

直接测量是将检测装置直接安装在进给运动的执行部件上，如直线光栅、感应同步器等安装在工作台上用来直接测量工作台的直线位移，测量装置要求和工作台行程等长。

②间接测量

间接测量是将检测装置安装在滚珠丝杠螺母副或驱动电机轴上，通过检测转动件的角位移来间接测量执行部件的直线位移。如图 2-8 所示为间接测量光电编码器结构。

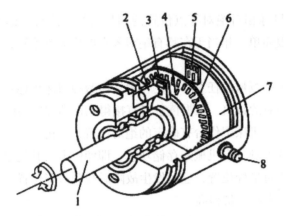

1—转轴；2—电源；3—光栏板；4—零基准糟；5—光电元件；

6—编码盘；7—印制电路板；8—电源及信号线连接器

图 2-8　间接测量光电编码器结构

二、进给系统机械

数控机床进给运动精度无疑会影响机床加工质量，进给运动精度与机床进给机械特征相关，如机械强度、刚度、颤振、传动间隙、摩擦、灵敏度和寿命等。本节学习数控机床进给系统机械部分的知识，有助于熟悉进给运动的机械特性，对正确维护、应用机床将有重要的作用。

（一）进给机械简介

I. 数控机床进给机械的基本要求

（1）较高的传动精度与定位精度

数控机床进给的传动精度和定位精度对加工精度起着关键性的作用。使机床进给持续处于精确运动状态的能力称为重复定位精度。重复定位精度的含义为：从不同坐标点向某一目标位置多次进行重复运动，其位置误差的最大值即为重复定位精度。

（2）几何精度

数控机床的几何精度是指数控机床某些基础件工作面的几何精度。一般包括：工作台表面的平面度，导轨的直线度，运动部件的平行度、垂直度、同轴度等。

（3）减小运动件的摩擦力

减小丝杠传动和工作台运动导轨的摩擦，以消除爬行，提高系统的稳定性。

（4）减小运动部件的惯量

进给系统中每个零件的惯量对进给系统的启动、制动特性等有着直接的影响，特别是高速部件。

（5）阻尼适当

一方面阻尼降低进给伺服系统的快速响应性，另一方面阻尼又能增加系统的稳定性，因此，传动机构的阻尼要选择适当。

（6）稳定性好、寿命长

稳定性是进给伺服系统正常工作的基本条件，在低速进给情况下不产生爬行，并适应外加负载的变化而不发生共振。寿命是指保持数控机床传动精度和定位精度的时间长短，应合理选择各传动件，并采用适宜的润滑方式和防护措施，以延长寿命。

（7）使用维护方便

数控机床进给系统的结构设计应便于维护和保养，最大限度地减少维修工作量，以提高机床的利用率。

2. 数控机床进给系统机械部分组成

与数控机床进给系统有关的机械部分一般由机械传动装置导轨、工作台等组成。

机械传动装置是数控机床进给传动系统的重要组成部分，包括减速装置、丝杠螺母副等中间传动机构，其作用是将伺服电动机的旋转运动转变为执行部件的直线运动或回转运动。

导轨是确定机床移动部件相对位置及其运动的基准，作为机床进给运动的导向件，其形位精度的保持能力与进给运动的精度有重要的关系，它的各项误差直接影响工件的加工精度。

（二）典型的进给机械部分

1. 滚珠丝杠螺母副

在机械传动件中，将旋转运动转换为直线运动的方法有很多，采用丝杠螺母副是常用的方法之一。

例如，普通的台虎钳，旋转虎钳摇柄带动丝杠旋转，丝杠带动螺母沿导轨直线运动，螺母推动虎钳活动钳口，相对固定钳口直线移动。

与台虎钳相比，数控机床的进给传动要求非常精确和灵敏，所以数控机床进给传动广泛应用滚珠丝杠螺母副。滚珠丝杠螺母副是在丝杠和螺母之间以滚珠为滚动体的螺旋传动元件。它将进给电动机的旋转运动转换为工作台或刀具的直线运动。

如图 2-9 所示，在丝杠和螺母上都有半圆弧形的螺旋槽，当它们套装在一起时便形成了滚珠的螺旋滚道。螺母上有滚珠回路管道，将几圈螺旋滚道的两端连接起来，构成封闭的循环滚道，并在滚道内装满滚珠。当丝杠旋转时，滚珠在滚道内既自转又沿滚道循环转动，从而迫使螺母（或丝杠）轴向移动。

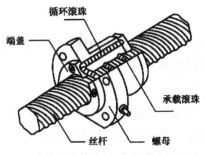

图 2-9　滚珠丝杠螺母副结构

滚珠丝杠螺母副的特点是：

第一，传动效率高，摩擦损失小。滚珠丝杠螺母副的传动效率比常规的丝杠螺母副提高了 3 ～ 4 倍。因此，功率消耗只相当于常规丝杠螺母副的 1/4 ～ 1/3。

第二，给予适当预紧，可消除丝杠和螺母的螺纹间隙，反向时就可以消除空程死区，定位精度高，刚度好。调整垫片的厚度，可使左、右两螺母产生轴向相对位移，以达到消除间隙、产生预紧力的目的。

第三，运动平稳，无爬行现象，传动精度高。

2.传动齿轮

齿轮传动在进给伺服系统中的作用是改变运动方向、降速、增大扭矩，适应不同丝杠螺距和不同脉冲当量的配比等。当在伺服电机和丝杠之间安装齿轮时，必然产生齿侧间隙，造成进给反向时丢失指令脉冲（进给反向时的实际进给运动滞后于指令运动），并产生反向死区，从而影响加工精度，因此，必须采取措施，设法消除齿轮传动中的间隙。

目前消除齿侧间隙普遍采用双片齿轮结构，如图 2-10 所示。将一对齿轮中的大齿轮分成 1、2 两部分，并分别与螺钉固定，再将弹簧与螺钉连接起来，这样齿轮的 1、2 两部分的轮齿自然错开，分别与小齿轮齿槽两侧面接触，达到消除齿侧间隙的目的。

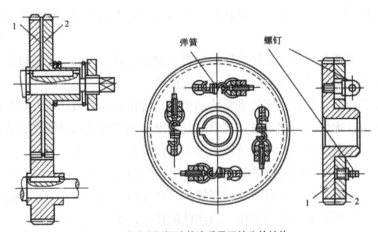

图 2-10　消除齿侧间隙普遍采用双片齿轮结构

3. 导轨

在机床中，导轨用来支撑和引导运动部件沿着直线或圆周方向做准确运动，起支承和导向作用。

导轨的精度和性能对数控机床的加工精度、承载能力、使用寿命影响很大，对伺服系统的性能也有很大的影响。导轨应具有较高的形、位精度，良好的耐磨性，足够的刚度，较小的摩擦系数，运动部件在导轨上低速移动时，不发生爬行现象。按导轨结合面的摩擦性质导轨可分为塑料滑动导轨、滚动导轨和静压导轨。

（1）塑料滑动导轨

数控机床上导轨常用塑料滑动导轨。性能好的导轨塑料是聚四氟乙烯导轨软带和环氧型耐磨导轨涂层。

塑料滑动导轨的特点是：摩擦性、耐磨性、减振性、工艺性、刚度等综合特性好。

（2）滚动导轨

在相配的两导轨面间放置滚动体，如滚珠、滚柱和滚针等，使导轨面间的摩擦性质成为滚动摩擦，这种导轨叫作滚动导轨。滚动导轨的最大优点是摩擦系数比塑料滑动导轨小很多，另外动、静摩擦系数很接近，低速运动平稳性好。缺点是：抗震性差；结构比较复杂，制造困难，成本较高；对脏物比较敏感，必须有良好的防护装置。

滚动导轨在数控机床上得到广泛的应用，主要是利用滚动导轨的良好摩擦性，实现低速精密的位移和精确的定位。

（3）静压导轨

机床上使用的液压导轨主要是静压导轨。静压导轨通常在两个相对运动的导轨面间通入压力油，使运动件浮起。在工作过程中，导轨面油腔中的油压能随外加负载的变化自动调节，保证导轨面间始终处于纯液体摩擦状态。所以静压导轨的摩擦系数极小，功率消耗少。这种导轨不会磨损，因而导轨的精度保持性好、寿命长，它的油膜厚度几乎不受速度的影响，油膜承载能力大、刚性高、吸振性良好。静压导轨的运行很平稳，既无爬行也不会产生振动。但结构复杂，并需要有一套过滤效果良好的液压装置，制造成本较高。目前静压导轨一般应用在大型、重型数控机床上。

导轨润滑的目的是减小摩擦阻力和摩擦磨损，避免低速爬行，降低高速时的温升。导轨常用的润滑剂有润滑油和润滑脂，前者用于滑动导轨，而滚动导轨则两者均采用。数控机床上滑动导轨的润滑主要采用压力润滑。

4. 数控机床的工作台

工作台是数控机床进给伺服系统中的执行部件，由导轨支承，并由伺服系统驱动并沿导轨进给运动。立式数控机床和卧式数控机床工作台的结构形式各不相同。

立式机床工作台一般无须做分度运动，其形状一般为长方形。工作台上一般有便于装夹用的 T 形槽，用于安放装夹装置，如台虎钳、夹具通过螺栓和螺母安装在工作台。

卧式机床工作台的台面形状通常为正方形。由于这种工作台经常要做分度运动或回转运动，而且它的回转、分度运动驱动机构一般装在工作台里，所以也称为分度工作台或回转工作台。数控回转工作台不仅可以实现任意角度的分度，有的还能实现数控圆周进给运动。

第三节　数控机床主轴驱动与支承

一、数控机床主轴驱动

（一）数控机床主轴驱动要求

随着数控技术的不断发展，传统的主轴驱动已不能满足要求。现代数控机床对主轴驱动提出了更高的要求，具体表现在：①数控机床要求主轴驱动能在较宽的转速范围内，按照指令自动进行无级调速，并减少中间传递环节，简化主轴箱。②要求主轴在调速范围内能提供切削所需功率、转矩，尽可能在更大速度范围内提供主轴电动机的最大功率。主轴在低速段提供足够转矩，满足数控机床低速强力切削的需要。③要求主轴在正、反向转动时均可进行自动加、减速控制，并且加、减速时间短。④为满足镗铣加工中心自动换刀（ATC）需要，要求主轴具有高精度的准停控制功能。在车削中心上，还要求主轴具有周向任意准停功能，即 C 轴控制功能。⑤数控车床车削螺纹时，则要求主轴具有与进给同步运行功能。若要保证车削变直径回转面表面质量恒定，则要具备恒线速度控制功能。

（二）主轴驱动装置及驱动特性

I. 主轴闭环速度控制

主轴伺服驱动系统由主轴驱动单元、主轴电动机和检测主轴速度与位置的旋转编码器三部分组成，主要完成闭环速度控制。主轴驱动单元的闭环速度控制原理如图 2-11 所示。

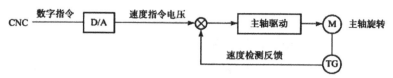

图 2-11 主轴闭环速度控制

图 2-11 中，CNC 系统向主轴驱动单元发出速度指令，经过 D/A 变换，将 CNC 输出的数字指令值转变成速度指令电压（模拟电压值），将该指令电压信号与旋转编码器测出的实际转速电压信号相比较，比较值经主轴驱动模块处理，控制主轴电机的旋转，完成主轴的速度闭环控制。旋转编码器 TG 可以在主轴外安装，也可以与主轴电动机做成一个整体。

2. 主轴驱动电机

（1）直流主轴驱动电机

直流主轴电动机的结构与永磁式伺服电动机不同，主轴电动机要能输出大的功率，所以一般是他励式。

直流电动机电磁转矩 $M = C_M \Phi I_a$，电磁转矩与励磁绕组磁场 Φ 成正比，又和电枢电流 I_a 成正比，直流电动机可通过独立调节励磁绕组磁场和电枢电流之一进行调速。直流电动机有良好的调速性能，且机械特性和动态性能优良。

（2）交流主轴驱动电机

进入 20 世纪 80 年代后，随着电子技术、交流调速理论、现代控制理论和大功率半导体技术的发展，交流驱动进入实用阶段，现在绝大多数数控机床均采用鼠笼式感应交流电动机，配置矢量变换变频调速的主轴驱动系统。这是因为一方面鼠笼式感应交流电动机不像直流电动机那样有机械换向带来的弱点以及在高速、大功率方面受到的限制；另一方面配置矢量变换控制的变频交流驱动的性能已达到直流驱动的水平。加上交流电动机体积小、重量轻，采用全封闭罩壳，对灰尘和油污有较好的防护，因此，交流电动机将彻底取代直流电动机成为必然趋势。

主轴交流电动机多采用鼠笼式异步电动机，这是因为数控机床主轴驱动系统不必像进给驱动系统那样，需要如此高的动态性能和调速范围。

鼠笼式异步电动机的基本原理如图 2-12 所示，定子通入三相交流电产生旋转磁场，转子导体切割定子旋转磁场产生感应电流，电流经"鼠笼"上的短路环反向后，转子导体又与磁场相互作用产生电磁力，电磁力作用于转子，产生电磁转矩。因为电动机轴上总带有机械负载，为了克服负载阻力或摩擦等阻力，转子绕组中必须有一定大小的电流，以产生足够的电磁转矩。而转子绕组中的电流是由旋转磁场切割转子产生的，要产生一定的电流，转子转速必须低于磁场转速。

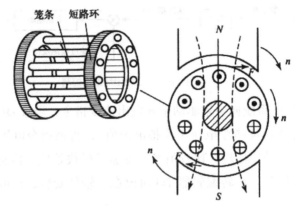

图 2-12　鼠笼式异步电动机原理图

因为这种电动机的转子总要滞后于定子旋转磁场，所以被称为异步电动机。又因为电动机转子中本来没有电流，转子导体的电流是切割定子旋转磁场时感应产生的，因此异步电动机也叫作感应电动机。

矢量变换控制的基本思路就是用等效概念，通过复杂的坐标变换，将三相交流输入电流变为等效的、彼此独立的励磁电流 I_f 和电枢电流 I_a，从而使交流电动机能像直流电动机一样，通过对等效电枢电流 I_a 和励磁电流 I_f 的反馈控制，达到控制转矩和励磁磁通的目的。这种把交流电动机等效成直流电动机并进行控制的方法，使得交流电动机与直流电动机的数学模型极为相似，因而可得到同样优良的调速性能。

3. 主轴电机驱动特性

典型的主轴电动机驱动的工作特性曲线如图 2-13 所示。由于矢量变换控制的交流驱动具有与直流驱动相似的数学模型，所以以直流驱动的数学模型进行分析。

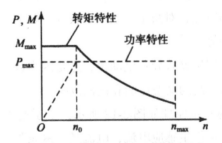

图 2-13　主轴电动机驱动的工作特性曲线

由曲线可见，主轴转速在基本速度 n_0 以左属于恒转矩调速。基速 n_0 以左的励磁电流不变，改变电枢电压调速，输出最大的恒定转矩，而输出功率随转速升高而增加，因此基速 n_0 以左称为恒转矩调速。

基速 n_0 以右采用调节励磁电流的方法调速，电动机输出的最大功率不变，但转矩则随速度的升高而减小。

4.主轴的分段变速控制

主传动系统中，为扩大调速范围，适应低速大转矩的要求，也经常采用齿轮有级调速和电动机无级调速相结合的分段调速方式，以及其他的方法扩大调速范围。

仅采用无级调速主轴机构，主轴箱虽然得到大大简化，但其低速段输出转矩常常无法满足机床强力切削的要求。如单纯追求无级调速，势必增大主轴电动机的功率，从而使主轴电动机与驱动装置的体积、重量及成本大大增加。因此，数控机床常采用 1 ~ 4 挡齿轮变速与无级调速相结合的方式，即分段无级变速方式。

如图 2-14 所示为带有变速齿轮的主传动，是大中型数控机床较常采用的配置方式，通过少数几对齿轮传动，扩大变速范围。

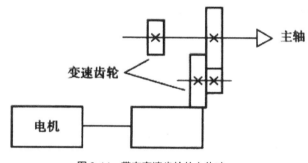

图 2-14 带有变速齿轮的主传动

如图 2-15 所示为采用齿轮变速与不采用齿轮变速时主轴的输出特性。采用齿轮变速虽然低速的输出转矩增大，但降低了最高主轴转速，因此通常采用数控系统控制齿轮自动换挡，达到同时满足低速转矩和最高主轴转速的要求。一般来说，数控系统均可提供 2 ~ 4 挡变速功能，而数控机床一般使用 2 挡即可满足要求。

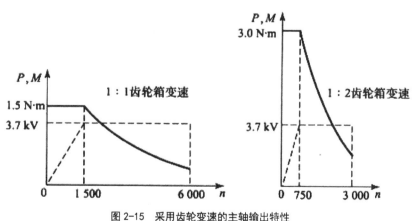

图 2-15 采用齿轮变速的主轴输出特性

数控系统具有使用 M41 ~ M44 代码进行齿轮自动换挡的功能。首先需要在数控系统参数区设置 M41 ~ M44 4挡对应的最高主轴转速，这样数控系统会根据当前 S 指令值，判断应处的挡位，并自动输出相应的 M41 ~ M44 指令给可编程控制器（PLC），控制更换相应的齿轮挡，然后数控装置输出相应的模拟电压。

例如，M41 对应的主轴最高转速为 1000r/min，M42 对应的主轴转速为 3500r/min，主轴电动机最高转速为 3500r/min。当 S 指令在 0 ~ 1000r/min 范围时，M41 对应的齿轮应啮合；当 S 指令在 1000 ~ 3500r/min 范围时，M42 对应的齿轮应啮合。

（三）主轴传动

1. 带传动的主传动

对转速较高、变速范围不大的机床，电动机本身的调速就能够满足要求，电机主轴和机床主轴间常用同步齿形带传动。它适用于高速、低转矩特性的主轴。

2. 内装电动机主轴传动结构

新式的内装电动机主轴，将主轴与电动机转子合为一体，电动机直接带动主轴旋转。主轴传动结构省去了电动机和主轴的传动件，主轴组件结构紧凑，有效地提高了主轴组件的刚度，但主轴输出扭矩小，用于变速范围不大的高速主轴。内装电动机最高转速可达 20 000r/min，在主轴组件中配有主轴冷却装置。

（四）主轴自动控制功能

1. 主轴准停功能

（1）主轴定向准停功能

主轴定向准停功能，即当主轴要求停止时，能控制其停于固定位置，这是自动换刀所必需的功能。

主轴准停控制功能应用于自动换刀的数控镗铣类机床上，由于刀具装在主轴锥孔内，切削的转矩通常是通过刀柄上的键槽和主轴的端面键来传递（主轴前端设置一个凸键，称为端面键）。当刀具处于待换刀位置时，刀具刀柄的键槽总在某一固定位置，若要把刀具装入主轴，主轴在换刀时端面上的凸键必须与刀柄的键槽对准相配，即主轴也必须停止在某一固定角度的位置上，这就要求主轴具有准确定位于圆周上特定角度的功能，如图 2-16 所示。

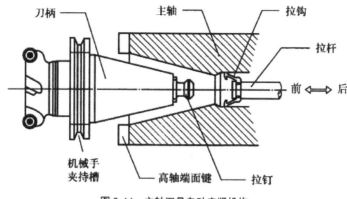

图 2-16　主轴刀具自动夹紧机构

另外，当在加工中心加工阶梯孔或精度孔后退刀时，为防止刀具与小阶梯孔碰撞或拉毛已精加工的孔表面，必须先让刀，再退刀。而要让刀，此时装有刀具主轴也必须具有准停功能。

（2）磁传感器主轴定向准停控制

如图 2-17 所示，利用磁传感器进行主轴定向准停控制。

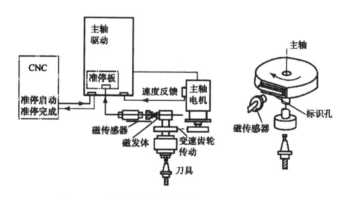

图 2-17　磁传感器主轴准停控制的基本结构

当执行 M19 时，数控装置发来准停开关信号，主轴调速至某一准停速度，当主轴到达准停位置时，磁发体与磁传感器对准，主轴立即减速至某一爬行速度，当磁传感器信号出现时，主轴驱动立即进入磁传感器的作为反馈元件的位置闭环控制，目标位置为准停位置。准停完成后，主轴驱动装置输出准停完成信号给数控装置，从而可进行自动换刀（ATC）或其他动作。

（3）周向准停功能

主轴周向准停功能，即当主轴要求停止时，能控制其停于任意指令的角度位置，这是车削中心用动力刀具加工时常常需要的功能。如图 2-18 所示为工件随主轴准停定位后，车削中心的动力刀具对工件直径方向铣平面和键槽、钻径向孔以及动力刀具轴向加工工件。动力刀具加工时，常要求工件随主轴旋转定位于任意指令的角度位置。

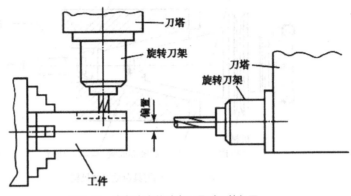

图 2-18　车削中心的动力刀具对工件加工

（4）主轴闭环位置控制

周向准停控制方式是由数控系统对主轴旋转进行闭环位置控制实现，主轴进入伺服状态时，其特性与进给系统伺服系统相近，进行位置控制，如图 2-19 所示。

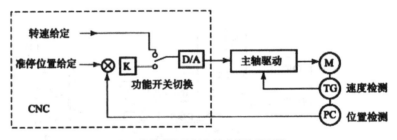

图 2-19　数控系统控制主轴准停的原理图

例如数控系统执行 M19 S100 时，首先将 M19 送至可编程控制器，可编程控制器控制主轴从速度控制驱动进入位置伺服控制状态，同时数控系统控制主轴电动机降速并寻找零位脉冲，然后位置闭环控制主轴定位于指令位置，也就是相对零位 100 度处的角度位置。

2.主轴刀具自动夹紧机构

在带有刀库的自动换刀数控机床中，为实现刀具在主轴上的自动装卸，其主轴必须设计有刀具的自动夹紧机构。当数控系统发出装刀信号后，刀具则由机械手或其他方法装插入主轴孔后，刀柄在主轴孔内定位，数控系统随即发出刀具夹紧信号，拉杆前端的拉钩拉住刀柄拉钉，拉杆向后运动紧紧拉住刀柄，完成刀具在主轴孔定位夹紧。反之，如需要松开刀具时，数控系统发出松刀信号后，主轴拉杆向前运动，松开对刀柄的夹紧，拉钩放开刀柄后的拉钉，即可卸下用过的刀具。

另外，自动清除主轴孔中的切屑和灰尘是换刀时一个不容忽视的问题。通常采用在换刀的同时，从主轴内孔喷射压缩空气的方法来解决，以保证刀具准确地定位。

3. 主轴的同步运行功能

（1）脉冲编码器与同步运转的功能

数控机床的进给系统与普通机床的进给系统有质的区别，数控机床主轴的转动与进给运动之间，没有机械方面的直接联系，在数控机床上加工螺纹，要求主轴的转速与刀具的轴向进给保持一定的协调关系，为此，通常在主轴上安装脉冲编码器来检测主轴的转角、相位、零位等信号。

在主轴旋转过程中，与其相连的脉冲编码器不断发出脉冲送给数控装置，控制进给插补速度。根据插补计算结果，控制进给坐标轴伺服系统，使进给量与主轴转速保持所需的比例关系，实现主轴转动与进给运动相联系的同步运行，从而切削出所需的螺纹。通过改变主轴的旋转方向可以加工出左螺纹或右螺纹。

（2）数控车床车螺纹时的同一点切入控制

脉冲编码器还输出一个零位脉冲信号，它是主轴旋转一周在某一固定位置产生的信号，对应主轴旋转的每一转，可以用于主轴绝对位置的定位。例如在多次循环切削同一螺纹时，该零位信号可以作为刀具的切入点，以确保螺纹螺距不出现乱扣现象。也就是说，在每次螺纹切削进给前，刀具必须经过零位脉冲定位后才能切削，以确保刀具在工件圆周上按同一点切入。

4. 恒线速度——主轴旋转与径向进给的关联控制

利用数控车床或磨床进行端面切削、变直径的曲面、锥面车削时，为了保证加工面的表面粗糙度 Ra 一致为某值，由加工工艺知识可知，须保证切削刃与工件接触点处的切削速度为一恒定值，即恒线速度加工。为此，数控装置设计由相应的控制软件来完成主轴转速的调整，以保证主轴旋转与刀具径向进给之间的协调关系。

由于在车削或磨削端面时，刀具要不断地做径向进给运动，从而使刀具的切削直径逐渐减小。由切削速度与主轴转速的关系 $v = 2\pi nD$ 可知，若保持切削速度 v 恒定不变，当切削直径 D 逐渐减小时，主轴转速 n 必须逐渐增大，但也不能超过极限值。因此，为保证切削速度为指定值，可通过相应的控制软件来完成主轴转速的调整。

二、数控机床主轴支承

（一）数控机床上常用主轴轴承

由于滚动轴承有许多优点，加之制造精度的提高，所以，一般情况下数控机床应尽量采用滚动轴承。只有要求加工表面粗糙度很小，主轴又是水平的机床才用滑动轴承。前支承主轴用滑动轴承，后支承和推力轴承用滚动轴承。

主轴轴承主要应根据精度、刚度和转速来选择。为了提高精度和刚度，主轴轴承的间隙应该是可调的。线接触的滚子轴承比点接触的球轴承刚度高，但在一定温升下允许转速较低。下面简述三种常用的数控机床主轴轴承的结构特点及适用范围。

I. 双列圆柱滚子轴承

如图 2-20 所示为双列圆柱滚子轴承。它的特点是内孔为 1 ∶ 12 的锥孔，与主轴的锥形轴颈相配合。可把内圈胀大，以消除径向间隙或预紧，这种轴承只能承受径向载荷。它的滚道挡边开在内圈上，滚动体、保持架与内圈成为一体，外圈可分离，轴向内圈移动。

2. 双向推力角接触球轴承

如图 2-21 所示，双向推力角接触球轴承用于承受轴向载荷。双向推力角接触球轴承的公称外径与同孔径的双列圆柱滚子轴承相同，但外径公差带在零线的下方，与壳体之间有间隙，故不承受径向载荷，专做推力轴承使用。

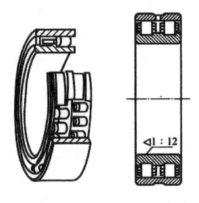

图 2-20　双列圆柱滚子轴承

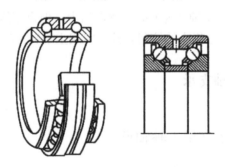

图 2-21　双向推力角接触球轴承

3.角接触球轴承

如图 2-22 所示,这种轴承既可以承受径向载荷,又可以承受轴向载荷。角接触球轴承多用于高速主轴。角接触球轴承为点接触,刚度较低。

为了提高刚度和承载能力,常用多联组配的办法。如图 2-23(a)(b)(c)所示为三种基本组配方式,分别为背靠背、面对面和同向组配。背靠背和面对面组都能承受双向轴向载荷;同向组配则只能承受单向轴向载荷。数控机床主轴承受弯矩,又属高速运转,因此主轴轴承大多采用背靠背组配。面对面组配常用于丝杠轴承。

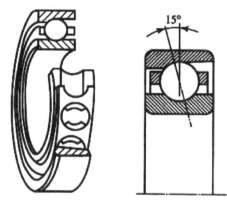

图 2-22　角接触球轴承

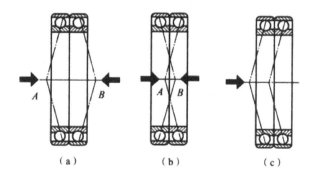

（a）　　　　　　　（b）　　　　　　　（c）

图 2-23　角接触球轴承组配方式

（二）主轴的轴承配置形式

数控机床上主轴轴承的配置形式有多种,根据数控机床加工要求与加工情况的不同,轴承的承载、转速与回转精度的特点,可采用不同的轴承组合形式。如图 2-24 所示为较典型的四种配置形式。

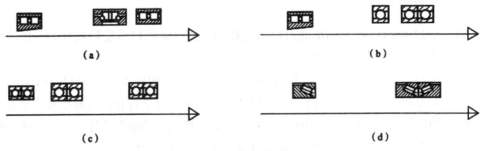

图 2-24　四种主轴轴承选用和配置形式

I.中等转速、高刚度

如图 2-24（a）所示配置形式中主轴的前支承为圆锥孔双列向心短圆柱滚子轴承与双向推力角接触球轴承组合，后支承为圆锥孔双列向心短圆柱滚子轴承。这种配置具有中等转速、高刚度的特点。其轴向载荷由双向推力角接触球轴承来承受，径向载荷则由圆锥孔双列向心短圆柱滚子轴承来承受，轴承的间隙可以通过修磨轴承之间的隔圈来保证，常用于中型数控车床、精密镗床等机床上。

2.中等刚度、较高转速

如图 2-24（b）所示配置形式中主轴的前支承为三个联组的角接触球轴承，后支承为侧锥孔双列向心短圆柱滚子轴承。这种配置具有中等刚度、较高转速的特点，一般在要求转速较高的数控车床、数控铣床等方面应用较多。

3.高转速、低刚度

如图 2-24（c）所示配置形式中主轴的前后支承均采用同向组合的角接触球轴承，这种配置形式具有高转速、低刚度的特点，一般用于转速要求高、刚度较低的场合，如数控磨床等。

4.高刚度、低转速

如图 2-24（d）所示配置形式中主轴前支承为带凸肩的双列圆锥滚子轴承，后支承则为单列圆锥滚子轴承，这种配置具有高刚度、低转速的特点，一般用于要求承载能力大、刚度大的场合，如坐标镗床等。

第三章　数控加工工艺设计

第一节　数控加工工艺特点与设计原则

一、数控加工工艺特点

数控加工工艺规程是规定零部件或产品数控加工工艺过程和操作方法等内容的工艺文件。是在数控编程前对所加工的零件进行加工工艺分析、拟订工艺方案、选择数控机床、定位装夹方案和切削刀具等，还要确定走刀路线和切削用量并处理加工过程中的一些特殊工艺问题。生产规模的大小、工艺水平的高低以及解决各种工艺问题的方法和手段都要通过加工工艺规程来体现。数控加工工艺是以普通机械加工工艺为基础，针对数控机床加工中的典型工艺问题为研究对象的一门综合基础技术。数控加工技术水平的提高，不仅与数控机床的性能和功能紧密相关，而且数控加工工艺对数控加工质量也起着相当重要的作用。

随着数控技术在全世界范围内得到大规模的发展和应用，许多零件由于加工难度大、制造精度要求高，越来越多地采用了数控加工。在数控加工应用的初期阶段，数控加工工艺设计主要集中于机床控制、自动编程方法和软件的研究；随着数控加工应用的不断深入和拓展，全面分析数控加工工艺过程中涉及的机床、夹具、刀具、编程方法、走刀路线以及切削参数等影响因素，优化数控加工过程，成为加工工艺设计的重要内容。

二、数控加工工艺设计基本原则

数控加工工艺的设计原则与普通加工工艺相比较，既有相同之处，也有不同之处，这是由数控加工的特点决定的。普通加工工艺设计的基本原则是先粗后精、先主后次、先面后孔、先基准后其他，以及便于装夹等。在设计数控加工工艺时，根据数控加工工艺的特点，一般应遵循以下原则：

（一）工序集中，一次定位

为了充分发挥数控机床的优势，提高生产效率，保证加工质量，数控加工编程中应遵循工序最大限度集中的原则，即零件在一次装夹中力求完成本台数控机床所能加工的更多表面。在确定路线时，要综合考虑最短加工路线和保证加工精度两者的关系。对于一些加工过程中易因重复定位而产生误差的零件，应采用一次定位的方式按顺序进行换刀作业，减少定位误差。根据零件特征，尽可能减少装夹次数。在一次装夹中，尽可能完成较多的加工表面，减少辅助时间，提高数控加工的生产效率。

（二）先粗后精

根据零件的加工精度、刚度和变形等因素划分工序时，应遵循粗、精加工分开的原则，即粗加工全部完成之后再进行半精加工、精加工。粗加工时可快速切除大部分余量，再依次精加工各个表面，这样既可提高生产效率，又可保证零件的加工精度和表面质量。粗加工时可快速切除大部分加工余量，尽可能减少走刀次数，缩短粗加工时间。精加工时主要保证零件加工的精度和表面质量，故通常精加工时零件的最终轮廓应由最后一刀连续精加工而成。粗、精加工之间最好间隔一段时间，以使粗加工后零件的应力得到充分释放后再进行精加工，进而提高零件的加工精度。此外，应尽量在普通机床或其他机床上对零件进行粗加工，以减轻数控机床的负荷、保持数控机床的加工精度。

（三）先近后远、先面后孔

一般情况下，离对刀点近的部位先加工、离对刀点远的部位后加工，以便缩短刀具移动距离，减少空行程时间。对于车削，"先近后远"还有利于保持坯件或半成品的刚性，改善切削条件。对于既有铣平面又有镗孔的零件加工，可按先铣平面后镗孔的顺序进行。

（四）先内后外、内外交叉

对既有内表面（内型、内腔）又有外表面需要加工的零件，安排加工顺序时，通常应安排先加工内表面，后加工外表面。通常在一次装夹中，不可将零件上某一部分表面（外表面或内表面）加工完毕后，再加工零件上的其他表面（内表面或外表面）。

（五）刀具与附件调用次数最少

在不影响加工精度的前提下，应减少换刀次数，减少空行程，节省辅助时间。为了减少换刀时间，同一把刀具工序尽可能集中，即在一次装夹中，尽可能用同一把刀具加工完工件上所有需要用该刀具加工的部位，并尽可能为下道工序做些预加工，例如，使用小钻头为大孔预钻位置孔或划位置痕；或用前道工序的刀具为下道工序进行粗加工，然后换刀后完成精加工或加工其他部位。同样，在保证加工质量的前提下，一次附件调用后，每次最大限度进行加工切削，以避免同一附件的多次调用、安装。

（六）走刀路线最短

在保证加工质量的前提下，使加工程序具有最短的走刀路线，不仅可以节省加工时间，而且还能减少不必要的刀具磨损及其他消耗。由于精加工切削过程的走刀路线基本上是沿着零件轮廓顺序进行的，因此，走刀路径的选择主要在于粗加工及空行程，一般情况下，若能合理选择起刀点、换刀点，合理安排各路径间空行程衔接，就能有效缩短空行程长度。

（七）程序段最少

在加工程序的编制工作中，应以最少的程序段数实现对零件的加工，这样不仅可以使程序简洁、减少出错的概率及提高编程工作的效率，而且可以减少程序段输入的时间及计算机内存的占用量。

（八）数控加工工序和普通工序的衔接

数控加工工序前后一般都穿插有其他普通加工工序，最好的方法是各道工序相互建立状态要求，各道工序必须前后兼顾、综合考虑，目的是达到共同满足加工要求，且质量目标及技术要求明确，各道工序交接验收有依据。

（九）连续加工

在加工半封闭或封闭的内、外轮廓中，应尽量避免加工停顿现象。由于工艺系统在加工过程中暂时处于动态平衡弹性变形状态下，若忽然进给停顿，切削力会明显减小，就会失去原工艺系统的平衡，使刀具在停顿处留下痕迹，因此，在轮廓加工中应避免进给停顿，保证零件表面的加工质量。

当然，上述原则并不是一成不变的，对于某些特殊的情况，可根据实际情况，工艺设计采取灵活多变的方案。

第二节　数控加工工艺设计的基本内容

一、选择适合数控加工的零件

随着中国作为世界制造中心地位的日益显现，数控机床在制造业的普及率不断提高，但不是所有的零件都适合在数控机床上加工，要根据数控加工的特点和实际情况选择。

最适合进行数控加工的零件是那些具有复杂曲线或曲面轮廓，加工精度要求高，通用机床无法加工或很难保证加工质量，具有难测量、难控制进给、难控制尺寸的型腔的壳体或盒形零件，以及必须在一次装夹中完成铣、镗、锪、铰或攻螺纹等多道工序的零件。

那些需要多次更改设计后才能定型，在通用机床上加工需要做长时间调整或者必须制造复杂专用工装，或者在通用机床上加工时容易受人为因素干扰而影响加工质量，从而造成较大经济损失的高价值零件，在分析其可加工性的基础上，还要综合考虑生产效率和经济效率，一般情况下可作为数控加工的主要选择对象。

一般来说，以下几类零件不适合选择数控机床加工：大批量、装夹困难或完全靠找正来保证加工精度、加工余量以及必须用特定工艺装备协调加工的零件。

另外，数控加工零件的选择还应该结合本单位拥有的数控机床的具体情况来考虑。

二、确定零件数控加工的内容

在选择并决定对某个零件进行数控加工后，并不是说零件的所有内容都采用数控加工，数控加工可能只是零件加工工序的一部分。因此，有必要对零件图样进行仔细分析，选择那些最适合、最需要进行数控加工的内容和工序。一般可以按照下列原则选择数控加工内容：①普通机床无法加工的内容应作为数控加工优先选择的内容；②普通机床难加工、质量也难以保证的内容应作为数控加工重点选择的内容；③普通机床加工效率低，工人手工操作劳动强度大的内容，可在数控机床尚存在富余能力的基础上进行选择。

通常情况下，上述加工内容采用数控加工后，产品的质量、生产率和综合经济效率等指标都会得到明显的提高。相比之下，下列一些加工内容则不宜选择数控加工：①占机调整时间长。比如，以毛坯的粗基准定位加工第一个精基准，须用专用工装协调。②加工部位分散，需要多次装夹、设置原点。不能在一次装夹中加工完成的其他部位的加工，采用数控加工很麻烦，效果不明显。③按某些特定的制造依据加工的型面轮廓。其获取数据困难，与检验依据易发生矛盾，增加了程序编制的难度。④必须按专用工装协调的孔及其他加工内容。因其采集编程用的数据较为困难，协调效果不一定理想。

此外，在选择数控加工内容时，还要考虑生产批量、生产周期、工序间周转情况等因素，要尽量合理使用数控机床，达到产品质量、生产率及综合经济效益等指标都明显提高的目的，要防止将数控机床降格为普通机床使用。

三、数控加工的工艺性分析

（一）零件的结构工艺性分析

零件的结构工艺性是指所设计的零件在满足使用要求的前提下制造的可行性和经济性。良好的结构工艺性，可以使零件加工容易，节省工时和材料；而较差的零件结构工艺性，会使加工困难，浪费工时和材料，有时甚至无法加工。在进行零件结构分析时，发现零件结构不合理等应向设计人员或相关部门提出修改意见。

（二）零件轮廓几何要素分析

零件轮廓是数控加工的最终轨迹，也是数控编程的依据。手工或者自动编程时要对构成零件轮廓的所有几何元素进行定义，零件图样所表达的零件各几何要素要求形状、位置确定，即形位尺寸标注清楚、齐全，这样才能准确编制零件轮廓的数控加工程序。出于设计等多方面的原因，可能在图样上出现构成零件加工轮廓的条件不充分、尺寸模糊不清或加工缺陷，增加了编程工作的难度，有的甚至无法编程。

（三）精度及技术要求分析

对被加工零件的精度及技术要求进行分析，是零件工艺分析的重要内容。只有在分析零件尺寸精度、形状精度、位置精度、表面粗糙度的基础上，才能对加工方法、装夹方法和刀具及切削用量进行正确而合理的选择。在保证零件使用性能的前提下，应经济、合理地安排加工工艺。过高的精度和表面质量要求会使工艺过程复杂，加工困难，成本增加。

（四）零件图的数学处理

零件图的数学处理主要是计算零件加工轨迹的尺寸，即计算零件加工轮廓的基点和节点的坐标，或刀具中心轮廓的基点和节点的坐标，以便编制加工程序。

1. 基点坐标的计算

（1）基点的含义

构成零件轮廓的不同几何要素的交点或切点称为基点。基点可以作为刀具切削的起点或终点。

（2）基点坐标计算内容

主要包括在指定的工作坐标系中，每一段切削运动的起点坐标值和终点坐标值，以及圆弧切削的圆心坐标值等。

基点坐标值的计算方法比较简单，一般可以根据零件图样所给的已知条件由人工完成，即根据零件图样上给定的尺寸运用代数、三角、几何或解析几何的相关知识直接计算数值。在计算时要注意小数点后位数的保留，以保证在数控加工后有足够的精度。

2. 节点坐标的计算

对于一些平面轮廓若是由非圆曲线方程组成，如渐开线、阿基米德螺线等，则只能用能够加工的微小直线段或圆弧段去逼近它们，这时数值计算的任务就是计算节点的坐标。

（1）节点的含义

当采用不具备非圆曲线插补功能的数控机床来加工非圆曲线轮廓的零件时，在加工程序的编制过程中，常采用微小直线段和圆弧段近似代替非圆曲线，这称为拟合处理，这些微小直线段和圆弧段称为拟合线段，拟合线段的交点或切点称为节点。

（2）节点坐标的计算

节点坐标的计算难度和工作量都很大，通常用计算机完成，必要时也可以人工完成。常用的有直线逼近法（等间距法、等步长法和等误差法）和圆弧逼近法。

当然也可以用 AutoCAD 绘图，然后捕获节点的坐标值，在精度允许的范围内，这是一种简易而有效的方法。

四、数控加工阶段及工序的划分

（一）加工阶段划分的目的

1. 保证加工质量

工件在粗加工时切除的金属层较厚，切削力和夹紧力都较大，切削温度较高，将会引起较大的变形，如果不划分加工阶段，粗、精加工混在一起，将无法避免上述原因引起的加工误差。按加工阶段进行加工，在粗加工阶段引起的加工误差以通过半精加工和精加工进行纠正，从而保证零件的加工质量。

2. 合理使用设备

粗加工余量大，切削用量大，可以采用功率大、刚度好、效率高而精度较低的设备。精加工切削力小，对机床的破坏小，可以采用高精度机床。这样发挥了设备各自的特点，既能提高生产效率，又能最大限度地延长精密设备的使用寿命。

3. 便于及时发现毛坯存在的缺陷

对毛坯存在的各种缺陷，如铸件的气孔、夹砂和余量不足等，粗加工后可以及时发现，便于及时修补或决定报废，以免继续加工造成浪费。

4. 便于安排热处理工序

如粗加工后，一般要安排去应力的热处理，以消除内应力。精加工之前应安排淬火等最终热处理，其变形可以通过精加工予以消除。

加工阶段的划分也不应该绝对化，应根据零件的质量要求、结构特点和生产量灵活掌握。在加工质量要求不高、工件刚性较好、毛坯精度高、加工余量小、生产量较小时，可以不划分加工阶段。对于刚性好的重型工件，由于装夹和运输很费时，也常在一次装夹中完成全部粗、精加工。对于不划分加工阶段的工件，为减少粗加工中产生的各种加工变形对加工质量的影响，在粗加工后，应松开夹紧机构，停留一段时间，让工件充分变形，然后再用较小的夹紧力重新夹紧进行精加工。

（二）加工阶段的划分方法

当零件的加工质量要求较高时，往往不可能用一道工序来满足其要求，而要用几道工序逐步达到所要求的加工质量。为保证加工质量和合理地使用加工设备、人力，常常按工序性质不同，将零件的加工过程分为粗加工、半精加工、精加工和光整加工四个阶段。

1. 粗加工阶段

其任务是切除毛坯上大部分的加工余量，如何提高生产率是该阶段所考虑的问题。

2. 半精加工阶段

其任务是使主要表面达到一定的精度，留有一定的经加工余量，主要为后面的精加工（如精车、精磨）做好准备，并可以完成一些次要表面的加工，如扩孔、攻螺纹和铣键槽等。

3. 精加工阶段

其任务是保证各主要表面达到图样所规定的精度要求和表面质量要求。

4. 光整加工阶段

对零件上精度和表面质量要求很高（IT6级以上，表面粗糙度 $Ra0.2\mu m$ 以上）的表面，需要进行光整加工，其主要目的是提高尺寸精度，减小表面粗糙度值，一般不用来提高位置精度。

数控加工工序的划分原则如下：

第一，保证精度的原则。数控加工要求工序尽可能集中，常常粗、精加工在一次装夹后完成，为了减小热变形和切削力引起的变形对工件形状精度、位置精度、尺寸精度和表面粗糙度的影响，应将粗、精加工分开进行。对于既有内表面（内腔），又有外表面须加工的零件，安排加工工序时，应先安排内、外表面的粗加工，再进行内、外表面的精加工，切不可将零件一个表面（内表面或外表面）加工完成之后，再加工其余表面（内表面或外表面），以保证零件表面加工质量要求。同时，对于一些箱体零件，为保证孔的加工精度，应先加工表面，后加工孔。遵循保证精度的原则，实际上就是以零件的精度为依据来划分数控加工工序。

第二，提高生产效率的原则。在数控加工中，为了减少换刀次数，节省换刀时间，应将需要用同一把刀加工的部位加工完成之后，再换另一把刀具来加工其余部位，同时应尽量减少刀具的空行程。用同一把刀加工工件的多个部位时，应以最短的路线到达各加工部位。遵循提高生产效率的原则，实际上就是以加工效率为依据划分数控加工工序。

实际中，数控加工工序要根据具体零件的结构特点、技术要求等情况综合考虑。

五、加工余量的确定

（一）加工余量的概念

加工余量一般分为总余量和工序间的加工余量。零件由毛坯加工为成品，在加工面上切除金属层的总厚度称为该表面的加工总余量。每个工序切掉的表面金属层厚度称为该表面的工序间加工余量。工序间的加工余量又分为最小余量、最大余量和公称余量。

l.最小余量

指该工序切除金属层的最小厚度。对外表面而言，相当于上道工序为最小尺寸，而本道工序是最大尺寸的加工余量。

2.最大余量

相当于上道工序为最大尺寸，而本道工序是最小尺寸的加工余量。

3.公称余量

为本道工序的最小余量加上上道工序的公差。但要注意，平面的余量是单边的，圆柱面的余量是两边的。余量是垂直于被加工表面来计算的。内表面的加工余量的其余概念与外表面相同。

由工艺人员手册查出来的加工余量和计算切削用量时所用的加工余量，都是指公称余量。但在计算第一道工序的切削用量时应采用最大余量。总余量不包括最后一道工序的公差。

（二）加工余量的确定

加工余量大小，直接影响零件的加工质量和生产率。加工余量过大，不仅会增加机械加工劳动量，降低生产率，而且会增加材料、工具和电力的消耗，增加成本；但若加工余量过小，又不能消除前面工序的各种误差和表面缺陷，甚至产生废品。因此，必须合理地确定加工余量。

加工余量的确定方法有：

l. 经验估算法

经验估算法是根据工艺人员的经验来确定加工余量。为避免产生废品，所确定的加工余量一般偏大，适于单件小批量生产。

2. 查表修正法

根据有关手册，查得加工余量的数值，然后根据实际情况进行适当修正，这是一种广泛使用的方法。

3. 分析计算法

这是对影响加工余量的各种因素进行分析，然后根据一定的计算式来计算加工余量的方法。此法确定的加工余量较合理，但需要全面的试验资料，计算也较复杂，故很少应用。

确定加工余量时应该注意下面几个问题：①采用最小加工余量原则在保证加工精度和加工质量的前提下，余量越小越好，余量小可以缩短加工时间，减少材料消耗，降低加工成本。②余量要充分，防止因余量不足造成废品。③余量中应包含热处理引起的变形。④大零件取大余量。⑤加工总余量（毛坯余量）和工序间加工余量要分开确定，加工总余量的大小与选择的毛坯制造精度有关。粗加工工序的加工余量不能用查表法确定，其应等于加工总余量减去其他各工序间加工余量之和。

六、加工方法的选择和加工路线的确定

（一）加工方法的选择

在数控机床上加工零件，一般有以下两种情况：一种是有零件图样和毛坯，要选择适合该零件加工的数控机床；另一种是已经有了数控机床，要选择适合该机床加工的零件。

无论哪种情况，都应该根据零件的种类与加工内容选择合适的数控机床和加工方法。

l. 机床选择

应该根据不同的零件选择最适合的机床进行加工。数控车床适合加工形状比较复杂的轴类零件或由复杂曲线回转形成的内型腔；立式数控铣床和加工中心适合加工平面凸轮、样板、形状复杂的平面和立体轮廓，以及模具内外型腔等；卧式数控铣床适合加工箱体、泵体、壳体类零件；多坐标中联动的加工中心适合加工各种复杂的曲线、曲面、叶轮和模具等。

2. 加工方法的选择

加工方法的选择应以满足加工精度和表面粗糙度的要求为原则。由于获得同一级加工精度及表面粗糙度的加工方法一般有很多，故在实际选择时，要结合零件的形状、尺寸和热处理要求等全面考虑。

例如，加工 IT7 级精度的孔，采用镗削、铰削、磨削等加工方法均可达到精度要求。如果加工箱体类零件的孔，一般采用镗削或铰削，而不宜采用磨削加工。一般小尺寸箱体孔选择铰孔，当孔径较大时则应选择镗孔。此外，还应考虑生产率和经济性的要求，以及生产设备的实际情况。

对于直径大于 30mm 且已经铸造出或者锻造出毛坯孔的孔加工，一般采用粗镗→半精镗→孔口倒角→精镗的加工方案。

大直径孔可以采用粗铣→精铣的加工方案。

对于直径小于 30mm 且无毛坯孔的孔加工，通常采用锪平端面→打中心孔→钻孔→扩孔→孔口倒角→铰孔的加工方案。

有同轴度要求的小孔，一般采用锪平端面→打中心孔→钻孔→半精镗→孔口倒角→精镗（或铰孔）的加工方案。为了提高孔的位置精度，在钻孔工步前推荐安排锪平端面和打中心孔的工步，孔口倒角安排在半精加工之后、精加工之前是为了防止孔内产生毛刺。

对于内螺纹的加工一般根据孔径大小而定。直径在 M5 ~ M20 的内螺纹通常采用攻螺纹的加工方法，直径小于 M6 的内螺纹，一般在加工中心上钻完底孔后，再采用其他手工方法攻螺纹，防止小丝锥断裂；直径大于 M25 的内螺纹，一般采用镗刀片镗削加工。

（二）加工路线的确定

l. 加工路线的定义

加工路线是指数控机床在加工过程中刀具的刀位点相对于被加工零件的运动轨迹与方向，即确定加工路线就是确定刀具的运动轨迹和方向。妥善地安排加工路线，对于提高加工质量和保证零件的技术要求是非常重要的。加工路线不仅包括加工时的进给路线，还包括刀具定位、对刀、退刀和换刀等一系列过程的刀具运动路线。

2.加工路线的确定原则

加工路线是刀具在整个加工过程中相对于工件的运动轨迹，包括工序的内容，反映工序的顺序，是编写程序的依据之一。在确定加工路线时，主要遵循以下原则：

（1）保证零件的加工精度和表面粗糙度

在铣削加工零件轮廓时，因刀具的运动轨迹和方向不同，可分为顺铣或逆铣，其不同的加工路线所得到的零件表面的质量不同。究竟采用哪种铣削方式，应根据零件的加工要求、工件材料的特点以及机床刀具等具体条件综合考虑。数控机床一般采用滚珠丝杠螺母副传动，其运动间隙很小，顺铣优于逆铣，所以在精铣内、外轮廓时，为了改善表面粗糙度，应采用顺铣走刀路线的加工方案。

对于铝镁合金、钛合金和耐热合金等材料，建议采用顺铣加工，这对于降低表面粗糙度值和提高刀具耐用度都有利。但如果零件毛坯为黑色金属锻件或铸件，表皮硬而且余量较大，这时粗加工采用逆铣较为有利。

（2）寻求最短加工路线，减少刀具空行程，提高加工效率

对于点位控制机床，只要求定位精度较高、定位过程尽可能快，而刀具相对于工件的运动路线无关紧要。因此，这类机床应按空程最短来安排加工路线，但对孔位精度要求较高的孔系加工，还应注意在安排孔加工顺序时，防止将机床坐标轴的反向间隙引入而影响孔位精度。

（3）最终轮廓一次连续走刀完成

为保证工件轮廓表面加工后的表面粗糙度要求，最终轮廓应安排在最后一次走刀中连续加工出来。比如型腔的切削通常分两步完成：第一步粗加工切内腔；第二步精加工切轮廓。粗加工尽量采用大直径的刀具，以获得较高的加工效率，但对于形状复杂的二维型腔，若采用大直径的刀具将产生大量的欠切削区域，不便于后续加工，而采用小直径的刀具又会降低加工效率。因此，采用大直径刀具还是小直径刀具应视具体情况而定。精加工的刀具则主要取决于内轮廓的最小曲率半径。

（4）选择切入、切出方式

确定加工路线时首先应考虑切入、切出点的位置和切入、切出工件的方式。

切入、切出点应尽量选在不太重要的位置或表面质量要求不高的位置，因为在切入、切出点，切削力的变化会影响该点的加工质量。

切入、切出工件的方式有法向切入、切出，切向切入、切出，以及任意切入、切出三种方式。因法向切入、切出在切入、切出点会留下刀痕，故一般不用该法，而是推荐采用切向切入、切出和任意切入、切出的方法。对于二维轮廓的铣削，无论是内轮廓还是外轮廓，都要求刀具从切向切入、切出；对外轮廓，一般是直线切向切入、切出；而对内轮廓，一般是圆弧切向切入、切出。另外，应避免在工件轮廓面上垂直上、下刀而划伤工件表面；尽量减少在轮廓加工切削过程中的暂停（切削力突然变化造成弹性变形），以免留

下刀痕。

（5）选择使工件在加工后变形小的加工路线

对横截面积小的细长零件或薄板零件应采用分几次走刀加工到最后尺寸或对称去除余量法安排走刀路线。安排工步时，应先安排对工件刚性破坏较小的工步。此外，确定加工路线时，还要考虑工件的加工余量和机床、刀具的刚度等情况，确定是一次走刀还是多次走刀来完成加工，以及在铣削加工中是采用顺铣还是逆铣等。

此外，对一些比较特殊的加工内容，在设计加工路线时要结合具体特征进行。比如在数控车床上车削螺纹时，沿螺距方向的 Z 向进给应和工件（主轴）转动保持严格的传动比关系，因此应该避免在进给机构加速或减速的过程中切削。考虑到 Z 向从停止状态到达指令的进给量（mm/r），驱动系统总要有一定的过渡过程，因此在安排 Z 向加工路线时，应使车刀的起点距待加工面（螺纹）有一定的引入距离。

七、加工程序的编制、校验和首件试切

（一）数控加工程序的编制方法

数控加工程序的编制就是将零件的工艺过程、工艺参数、刀具位移量与方向以及其他辅助功能（换刀、冷却、夹紧等），按运动顺序和所用数控机床规定的指令代码及程序格式编成加工程序单，再将程序单中的全部内容记录在控制介质上，然后输送给数控装置，从而指挥数控机床加工。这种从零件图纸到控制介质的过程称为数控加工的程序编制。

一般数控加工程序的编制有以下两种：

1. 手工编程

手工编制程序就是从零件图样分析、工艺处理、数值计算、程序单编制、程序输入和校验过程，全部或主要由人工进行。其主要用于几何形状不太复杂的简单零件，所需的加工程序不多，坐标计算也较简单，出错的概率小。这时用手工编程就显得经济而且及时。因此，手工编程至今仍广泛地应用于简单的点位加工及直线与圆弧组成的轮廓加工中。

2. 自动编程

利用计算机专用软件编制数控加工程序的过程。指由计算机来完成数控编程的大部分或全部工作，如数学处理、加工仿真、数控加工程序生成等。自动编程方法减轻了编程人员的劳动强度，缩短了编程时间，提高了编程质量，同时解决了手工编程无法解决的复杂零件的编程难题，也利于与 CAD 的集成。主要用于一些复杂零件，特别是具有非圆曲线、曲面的表面（如叶片、复杂模具）；或者零件的几何元素并不复杂，单程序量很大的零件（如复杂的箱体或一个零件上有千百个矩阵钻孔）；或者是需要进行复杂的工步与工艺处理的零件（如数控车削和加工中心机床的多工序集中加工）。

自动编程方法种类有很多，发展也很迅速。根据信息输入方式及处理方式的不同，主要分为语言编程、图形交互式编程、语音编程等方法。语言编程以数控语言为基础，需要编写包含几何定义语句、刀具运动语句、后置处理语句的"零件源程序"，经编译处理后生成数控加工程序。这是数控机床出现早期普遍采用的编程方法。图形交互式编程是基于某一 CAD/CAM 软件或 CAM 软件，人机交互完成加工图形的定义、工艺参数的设定后，经软件自动处理生成刀具轨迹和数控加工程序。图形交互式编程是目前最常用的方法。语音编程是通过语音把零件加工过程输入计算机，经软件处理后生成数控加工程序。由于技术难度较大，故尚不通用。

一般图形交互式编程的基本步骤如下：

（1）分析零件图样，确定加工工艺

在图形交互式编程中，同一个曲面，往往可以有几种不同的生成方法，不同的生成方法导致加工方法的不同。所以本步骤主要是确定合适的加工方法。

（2）几何造型

把被加工零件的加工要求用几何图形描述出来，作为原始信息输入计算机，作为图形交互式编程的依据，即原始条件。

（3）对几何图形进行定义

面对一个几何图形，编程系统并不能立即明白如何处理，需要编程员对几何图形进行定义，定义的过程就是告诉编程系统处理该几何图形的方法。不同的定义方法导致不同的处理方法，最终采用不同的加工方法。

（4）输入必需的工艺参数

把确定的工艺参数，通过"对话"的方式告诉编程系统，以便编程系统在确定刀具运动轨迹时使用。

（5）产生刀具运动轨迹

计算机自动计算被加工曲面、补偿曲面和刀具运动轨迹，自动产生刀具轨迹文件，储存起来，供随时调用。

（6）自动产生数控程序

自动产生数控程序是由自动编程系统的后置处理程序模块来完成的。不同的数控系统，数控程序指令形式也不完全相同，只须修改、设定一个后置程序，就能产生与数控系统一致的数控程序来。

（7）程序输出

由于自动编程系统在计算机上运行，所以其具备计算机所具有的一切输出手段。值得一提的是，利用计算机和数控系统都具有的通信接口，只要自动编程系统具有通信模块即可完成计算机与数控系统的直接通信，把数控程序直接输送给数控系统，控制数控机床进行加工。

（二）数控加工程序的校验和首件试切

程序单和所制备的控制介质必须经过校验和试切才能正式使用。一般的方法是将控制介质上的内容直接输入 CNC 装置进行机床的空运转检查，即在机床上用笔代替刀具、坐标纸代替工件进行空运转画图，检查机床轨迹的正确性。

在具有 CRT 屏幕图形显示的数控机床上，用图形模拟刀具相对工件的运动更为方便。但这些方法只能检查运动是否正确，不能查出由于刀具调整不当或编程计算不准而造成工件误差的大小。

因此，必须用首件试切的方法进行实际切削检查。它不仅可以查出程序单和控制介质的错误，还可检查加工精度是否符合要求。当发现尺寸有误差时，应分析错误的原因，或者修改程序单，或者进行适当补偿。

（三）工艺文件的归档

工艺文件归档要确保文件满足以下要求：

I. 正确性

第一，正确执行有关法律法规。
第二，正确贯彻有关标准（包括国际标准、国内标准和企业内部标准）。
第三，遵循标准化基本原则方法和要求。

2. 完整性

第一，完整地叙述其内容。
第二，图样与技术文件成套性。

3. 统一性

第一，图样之间、技术文件之间有关内容中的定义、术语、符号、代号和计量单位等的一致性。
第二，图样和技术文件之间也要满足上述要求。

4. 协调性

图样与技术文件中所提到的技术性能和技术指标要协调一致。

5. 清晰性

第一，表达清楚（简明扼要、通俗易懂）。
第二，书写规范（文字、符号正确、工整）。

第三，编写有序（格式符合有关规定）。

工艺文件编写的基本要求如下：

第一，工艺文件应采用先进的技术，选择科学、可行和经济效果最佳的工艺方案；在保证产品质量的前提下，尽量提高生产效率并降低消耗；工艺文件应做到完整、正确、统一、协调配套和清晰。

第二，各类工艺文件应依据产品设计文件、生产条件、工艺手段编制，并满足相关标准（明确给出标准名称和代号）的要求；应尽可能采用通用工艺、标准工艺、典型工艺；不允许使用已经废除的标准，也不允许使用禁用的工艺。

第三，工艺文件应规定工件的加工条件、方法和步骤，以及生产过程中所用的工艺设备、工装、主要材料和辅助材料，并明确产品检验和验证的要求。必要时工艺文件中应规定刀具、量具、工具的名称和规格。

第四，对工艺状态和设计图样有不同要求的工序，要特别注明工艺技术状态要求的参数；临时工艺应注明编制依据（如技术单号、更改单号），并规定有效范围（如批次、数量和日期等）。

第五，工艺规程一般应以产品单个零部件进行编制，结构特征和工艺特征相近的产品零部件应该编制通用工艺规程。

第六，工艺附图应标注完成工艺过程所需要的数据（如尺寸、极限偏差和表面粗糙度等），图形应直观、清晰。工艺附图的绘制比例应该协调，局部缩放视图应按照实际比例进行标注。

第七，为了避免工艺路线更改时漏改及与生产作业不一致，应明确规定各专业工艺规程编制的终检验收程序。

第三节　数控加工工艺设计过程

一、零件机械加工工艺规程

零件机械加工是指用机械加工方法改变毛坯形状、尺寸、相对位置和性质，使其成为符合设计要求的零件。在对零件的生产加工前，须对零件加工过程、加工方法和加工目标进行规划，即制定加工工艺规程。工艺规程是指导生产的主要技术文件，是生产、组织和管理工作的基本依据，是生产准备和技术准备的基本依据。

制定零件机械加工工艺规程的主要依据是产品图纸、生产纲领、生产类型、生产条件等。制定零件机械加工工艺规程的一般过程是：①零件生产加工任务分析；②选择毛坯；

③选择零件加工方法；④划分工序，拟定工艺路线；⑤制定零件加工工艺规程。

制定零件机械加工工艺规程后，对工艺路线中的各工序还要进行详细的工序加工设计。

（一）零件生产加工任务分析

准确分析加工零件是制定零件机械加工工艺规程的前提。

l.零件分析

在制定零件机械加工工艺规程之前，需要对零件进行深入细致的工艺分析。结合装配图，了解零件在机器中的装配位置、作用。根据零件的作用，分析零件图所规定的加工质量和技术要求指标。质量和技术要求指标一般有零件各加工表面的尺寸精度、形状精度、位置精度、表面质量，其他技术要求，如热处理、动平衡、探伤等。进而了解零件上各项技术要求制定的依据，找出主要技术要求和加工关键，以便在拟定工艺规程时采取适当的工艺措施加以保证。分析时还应对图纸的完整性、技术要求的合理性以及材料选择是否恰当等提出意见。

2.审查零件结构的工艺性

在充分领会零件的使用要求和设计要求的前提下，审查零件制造工艺的可行性和加工的经济性，遇到工艺问题与设计问题有矛盾时，与设计人员磋商解决方法。主要考虑零件的结构工艺性、加工条件、技术可行性、零件加工的劳动量等因素。

3.零件生产类型分析

在规定的时间周期内要求加工多少数量的满足质量要求的零件，影响到工艺规程的制定。产量大、零件固定时，可以采用各种高效率的专用机床和工艺装备（指刀具、夹具、量具的统称），因此劳动生产率高、生产成本低；但在产量小、品种多时，不宜采用专用的机床和工艺装备，因为专用机床成本高、调整时间长、利用率低、折旧率高，所以生产类型对工艺规程的制定影响很大。生产类型通常可分为单件生产、成批生产和大量生产三种类型。

（二）确定毛坯

在制定零件机械加工工艺规程时，正确选择合适的毛坯，对零件的加工质量、材料消耗和加工工时都有很大的影响。

毛坯的尺寸和形状越接近成品零件，机械加工的劳动量就越少，但是毛坯的制造成本却越高。所以，应根据生产规模，综合考虑毛坯制造和机械加工的费用来确定毛坯，以求得最好的经济效益。毛坯一般有铸件、锻件、型材、焊接件、冷冲、压件等种类。

　　毛坯选择时应考虑的因素有：生产规模的大小；工件结构、形状、大小；零件机械性能要求；现有设备和技术水平；毛坯的制造方法和尺寸偏差；机械加工成本和毛坯制造成本。

（三）选择加工方法

1. 表面切削方法的选择

　　切削加工作为机械制造中最主要的加工方法，按工艺特征一般可分为车、铣、刨、钳、磨、钻、铰、镗、插、拉、锯、研磨、布磨、超精加工、抛光、超精密加工等。表面切削加工方法的选择，就是为零件上每一个有质量要求的表面选择一套合理的加工方法。由于获得同一精度和粗糙度的加工方法往往有几种，在选择时除了考虑生产率要求和经济效益外，还应考虑工件材料的性质、结构和尺寸、生产类型、生产条件等因素。

2. 加工过程中的热处理安排

　　工件加工过程中，安排适当的热处理可以提高材料的力学性能，改善金属的切削性能以及消除残余应力。在制定工艺路线时，应根据零件的技术要求和材料的性质，合理地安排热处理工序。

　　（1）退火与正火

　　退火或正火的目的是消除组织的不均匀，细化晶粒，改善金属的加工性能。对高碳钢零件用退火降低其硬度，对低碳钢零件用正火提高其硬度，以获得适中的较好的可切削性，同时能消除毛坯制造中的应力。退火与正火一般安排在机械加工之前进行。

　　（2）时效处理

　　以消除内应力、减少工件变形为目的。对于一些刚性较差、精度特别高的重要零件，常在每个加工阶段之间都安排一次时效处理。

　　（3）调质

　　对零件淬火后再高温回火，能消除内应力、改善加工性能并能获得较好的综合力学性能。一般安排在粗加工之后进行。对一些性能要求不高的零件，调质也常作为最终热处理。

　　（4）淬火、渗碳淬火和渗氮

　　其主要目的是提高零件的硬度和耐磨性，常安排在精加工之前进行，其中渗氮由于热处理温度较低，零件变形很小，也可以安排在精加工之后。

3. 零件加工过程中的辅助工序

　　检验工序是主要的辅助工序，除每道工序由操作者自行检验外，零件转换车间时，以及重要工序之后和全部加工完毕、进库之前，一般都要安排检验工序。

　　除检验外，其他辅助工序有表面强化和去毛刺、倒棱、清洗、防锈等。正确地安排辅助工序是十分重要的。如果安排不当或遗漏，将会给后续工序和装配带来困难，甚至影响产品的质量。

（四）制定零件机械加工工艺规程

机械加工工艺规程在既是确保产品质量和提高效益的关键，也是企业生产和管理的依据。常见的机械加工工艺文件有下列两种：

1. 机械加工工艺过程卡片

机械加工工艺过程卡片是以整个零件加工所经过的工艺路线（包括毛坯、机械加工和热处理等）所制定的工艺文件。它是制定其他工艺文件的基础，也是生产技术准备、编制作业计划和组织生产的依据。

2. 机械加工工艺卡片

机械加工工艺卡片是以工序为单位详细说明整个工艺过程的工艺文件。它是用来指导工人生产和帮助车间管理人员和技术人员掌握整个零件加工过程的一种主要技术文件。

二、数控加工工序设计

由于数控加工自动化程度较高，因此数控加工工艺与普通加工工艺相比设计内容要更具体、更准确且严密。数控加工工序加工更集中，传统加工工艺下的一道工序，往往成为数控加工工序中的一个或几个工步。

（一）分析数控加工要求

对适合数控加工的工件图样进行分析，以明确数控机床加工内容和加工要求。分析工件图是其加工工艺的开始，工件图提出的要求又是加工工艺的结果和目标。

1. 对尺寸标注的分析

工件图样用尺寸标注确定零件形状、结构大小和位置要求，是正确理解工件加工要求的主要依据。数控加工工艺人员应注意分析图样中加工轮廓的几何元素是否充分。当发现有错误、遗漏、矛盾、模糊不清的情况时，应向技术管理人员及时反映，解决后方可进行程序编制工作。分析定位基准是否可以与设计基准重合，分析定位基准面的可靠性，以便设计装夹方案时，采取措施减少定位误差。

2. 公差要求分析

分析工件图样上的公差要求，以确定控制其尺寸精度的加工工艺。

尺寸公差表示工件尺寸所允许的误差范围，从工件加工工艺的角度来解读公差，它首先是生产的命令之一，规定加工中所有加工因素引起加工因素误差大小的总和必须在公差范围内，或者说所有的加工因素"分享"了这个公差，公差是所有加工因素公共的允许误差。

对数控加工而言，工艺系统误差有控制系统的误差、机床伺服系统的误差、工件定位误差、对刀误差以及机床、工件、刀具的刚性等引起的其他误差等。除工艺系统误差外，还包括程序编制的坐标数据值、刀具补偿值、刀具磨损补偿值的误差等。

工件的形状和位置误差主要受机床主运动和进给运动机械运动副几何精度的影响。如沿 X 坐标轴运动的方向线与其主轴轴线不垂直时，则无法保证垂直度这一位置公差要求。

3. 表面粗糙度要求

机械加工时，表面粗糙度形成的原因主要有两方面：一是几何因素；二是物理因素。

影响表面粗糙度的几何因素，主要是刀具相对工件做进给运动时，在加工表面留下的切削层残留面积。残留面积越大，表面越粗糙。残留面积的大小与进给量、刀尖圆弧半径及刀具的主副偏角有关。

物理因素是与被加工材料性质和与切削机理相关的因素。比如，当刀具中速切削塑性材料时产生积屑瘤与鳞刺，使加工表面的粗糙程度高；工艺系统中的高频振动，使刀刃在加工表面留下振纹，增大了表面粗糙度值。

4. 材料与件数要求

图样上给出的工件材料要求，是选择刀具（材料、几何参数及使用寿命）和选择机床型号及确定有关切削用量等的重要依据。工件的加工件数，对装夹与定位、刀具选择、工序安排及走刀路线的确定等都是不可忽视的因素。

（二）数控加工方法及过程设计

在数控机床加工过程中，加工对象复杂多样，由于工件结构形状大小、技术要求的不同、毛坯的不同、材料不同、批量不同等因素的变化，具体工件在制订加工方案时，除参考典型工件的数控加工方案，还应针对具体加工内容、要求具体分析，灵活处理或特别对待，使所制订的加工方案更为合理。

确定加工方案时，对于同一工件的加工方案可以有很多个，应选择最经济、最合理、最完善的加工工艺方案，从而达到质量优、效率高和成本低的目的，即对加工方案存在优化的要求。

在数控机床上对一个或一批工件连续完成的加工，称为一个数控加工工序。设计数控加工工序要确定安装次数和工步数目，确定加工的先后顺序。

工件经一次定位夹紧完成的加工过程称为一次安装。数控机床加工工序中，工件加工可能要进行一次或多次安装。在一个安装的工件加工过程中，可能要用到多个刀具加工。数控机床加工中，换刀一次，刀具所连续完成的加工内容称为一个工步。

数控加工工序过程可表达成：要分几次装夹？每次装夹分几个工步？

每次装夹的多个工步顺序安排要合理，一般按先粗后精、先主后次、先面后孔等加工规律安排工步顺序。

（三）选择加工工具

1. 选择数控机床

选用数控机床时总是有一定的出发点，选中的数控机床应能较好地实现预定的目标。例如考虑数控机床的加工是为了加工复杂的工件，还是为了提高加工效率？是为了提高精度，还是为了集中工序，缩短周期？或是实现柔性加工要求？有了明确的目标，有针对性地选用机床，才能以合理的投入，获得最佳效果。

选择数控机床要考虑机床类型。同工艺类型的数控机床或加工中心，其使用范围也有一定的局限性，只有加工在其工艺范围内的工件才能达到良好的效果。

选择数控机床要考虑机床规格。主要是指机床的工作台尺寸以及运动范围等。工件在工作台上安装时要留有适当的校正、夹紧的位置；各坐标的行程要满足加工时刀具的进、退刀要求；工件较重时，要考虑工作台的额定荷重。

选择数控机床要考虑主电机功率及进给驱动力等。数控机床加工时，当粗、精加工在一次装夹下完成时要考虑主电动机功率是否能满足加工要求，转速范围是否合适。

选择数控机床要考虑机床的精度。选择机床的精度等级应根据被加工工件关键部位的加工精度要求来确定，一般来说，批量生产零件时，实际加工出的精度公差数值为机床定位精度公差数值的 1.5 ~ 2 倍。

2. 装夹夹具

夹具的选择主要考虑定位精度、夹紧可靠性及装夹方便性。选用的夹具应能保证定位和夹紧要求，做到工件装夹快速有效。单件小批量生产时，应尽量选择通用夹具及机床附件；大批量生产时，可采用高生产率的气动、液压等快速专用夹具。

3. 选择合适的刀具、量具、检具

根据工件加工要求、材料性能、切削用量、机床特性等因素，正确选择刀具的类型、规格、材料、几何参数等，并使刀具安装调整方便。

各工序选用的量具、检具精度必须与工件加工精度相适应，在一般加工条件下，应尽量使用通用量具，必要时可选用高效率的专用检具或使用精密量具和量仪。

（四）具体工步设计

选择合理的刀具路线。刀具路线是加工过程中，刀具点相对工件的进给运动轨迹和方向。合理地选择刀具路线要兼顾刀具进给运动的安全性、加工质量、加工效益。

确定合理的切削用量。合理确定刀具切削运动过程中主运动、进给运动的大小，即合理选用切削速度、背吃刀量及进给量，以满足加工质量要求、效率要求，充分发挥加工潜能，力求降低加工成本。

（五）数学处理和填写加工程序

编程前，有必要设定适当的工件坐标系，实现刀具路线"数据化"。对于由直线和圆弧组成的比较简单的零件轮廓加工，要计算出零件轮廓各几何元素的起点、终点坐标，作为进给运动轨迹描述的依据。对于特殊曲线轮廓，进行曲线拟合，可借助计算机辅助完成。

刀具路线、工艺参数等刀位数据确定后，按数控系统规定的功能指令代码和程序段格式，编写零件加工程序单，并把加工程序输入 CNC。

（六）数控加工专用技术文件的编写

编写数控加工专用技术文件是数控加工工艺设计的内容之一。这些专用技术文件既是数控加工及产品验收的依据，也是需要操作者遵守、执行的规程，有的则是加工程序的具体说明或附加说明，目的是让操作者更加明确程序的内容、装夹方式、各个加工部位所选用的刀具及其他问题。下面介绍三种数控加工专用技术文件。

1. 数控加工工序卡

数控加工工序卡简明扼要地说明数控工序的加工工艺。包括：安装次数、工步数目、加工顺序；各工步的主要加工内容、要求；各工步所用刀具及刀号、切削参数；其他工艺信息，如所用机床型号、刀具补偿、程序编号等信息。

2. 数控刀具调整单

数控加工时，对刀具管理十分严格，一般要对刀具组装、编号。数控刀具调整单主要包括数控刀具明细表（简称刀具表）和数控刀具卡片（简称刀具卡）两部分。

3. 数控刀具明细表

标明数控加工工序所用刀具的刀号、规格、用途，是操作人员调整刀具的主要依据。刀具卡主要反映刀具编号、刀具结构、尾柄规格、组合件名称代号、刀片型号和材料等，它是组装刀具的依据。

（七）数控加工工序方案优化

编制好的程序必须经过校验和试切才能用于正式加工。可在带有刀具轨迹动态模拟显示功能的数控系统上，切换到 CRT 图形显示状态下模拟运行所编程序，据自动报警内容及所显示的刀具轨迹或零件图形是否正确来调试、修改。还可采用不装刀具、工件，开车空转运行来检查、判断程序执行中机床运动是否符合要求。

以上方法只能检验机床运动是否正确，而不能检验被加工工件的实际加工质量，因此需要进行工件的首件试切。当首件试切有误差时，应分析产生原因并对工艺设计加以修改。

工件首件试切合格后，可进行正式批量加工生产。但在生产实践中还应进一步检验加工工艺设计的合理性，不断发现问题，提出改进方案，通过不断优化设计，达到保证质量、提高效率、降低成本、操作安全方便的加工要求。

第四节　数控加工装夹设计

一、定位基准的选用

工件装夹时，工件通过与定位元件接触，确定工件加工结构的位置。工件上与夹具定位元件直接接触的点、线或面，称为工件定位基准。定位基准又分为粗加工基准和精加工基准。粗加工时，用没有经过加工的毛坯表面定位，称为粗基准；精加工时，用已加工过的表面作为定位基准面，则称为精基准。

（一）粗加工基准的选择

粗加工的基准面常常是铸造、锻造或轧制等得到的表面。粗基准的选择主要应考虑到加工表面与不加工表面之间的位置要求，各加工表面加工余量的合理分配，定位精度和装夹的可靠性。在选择粗基准时一般要遵循下列原则：①为了保证加工面和不加工面之间的相互位置要求，一般选择不加工面为粗基准；②当工件上有多个不加工表面时，应以与加工面位置精度要求较高的表面做粗基准；③工件上每个表面都要加工，则应该以加工余量最小的表面作为粗基准；④粗基准由于是毛坯表面，一般情况下，只在第一道工序中使用一次，不再重复使用；⑤尽管粗基准是毛坯表面，但选用的粗基准仍应尽可能平整、光洁，不应有飞边、浇口、冒口及其他缺陷，以减小定位误差，并保证零件的夹紧可靠。

（二）定位精基准的选择

精基准的选择，首先不能忽视如何保证零件的加工精度，特别是加工表面的相互位置精度，同时也要照顾到装夹方便、可靠和简化夹具结构等方面。因此，选择精基准一般不应违背下述原则：

l. "基准重合" 原则

精加工选择定位基准时，应尽量使它与设计基准重合，以免产生定位误差，而增加加工困难，甚至使零件报废。

2. "基准统一" 原则

当零件以某一组精基准定位可以较方便地加工其他各表面时，应尽可能在多数工序中采用此组精基准定位，实现"基准统一"，避免基准转换误差。

3. "自为基准" 原则

当精加工或光整加工工序要求的余量尽量小且均匀时，应选择上一加工阶段的加工表面本身作为精基准，即遵循"自为基准"原则。

4. "互为基准" 原则

为了获得均匀的加工余量或较高的位置精度，当两个表面相互位置精度以及它们自身的尺寸与形状精度都要求很高时，可以先用其中一个面(四面)定位加工另一个面(B面)，然后调换（B面定位加工四面），多次反复进行精加工。

（三）定位误差

工件装夹时存在定位误差将影响加工精度。

造成定位误差的原因如下：①定位基准与工序基准不重合。由于定位基准与工序基准不重合而造成的定位误差，称为基准不重合误差。②定位基准的位移误差。由于定位基准本身的尺寸和几何形状误差，以及定位基准与定位元件之间的间隙所引起的定位误差。

减少定位误差的一般措施如下：①尽量采用加工面的设计基准作为定位基准面。如若不能做到基准重合，应提高加工面的设计基准与定位基准面间的位置测量精度。②提高夹具的制造、安装精度及刚度，特别是提高夹具的零件定位基准面的制造精度。③提高机床基准面和导向面的几何精度。

二、工件夹紧

加工过程中，工件受到切削力、离心力、惯性力和工件自身重力等的作用破坏工件定位。夹紧的作用是抵抗破坏力，保持工确定位。一方面夹紧力要足够，另一方面要防止夹紧变形，应合理确定夹紧力的三要素：方向、大小作用点。

（一）夹紧力方向的确定

确定夹紧力作用方向时，应与工件定位基准的配置及所受外力的作用方向等结合起来考虑。其确定原则是：①夹紧力的作用方向应垂直于主要定位基准面；②夹紧力作用方向应使所需夹紧力最小；③夹紧力作用方向应使工件变形最小。由于工件不同方向上的刚度是不一致的，不同的受力表面也因其接触面积不同而变形各异，尤其在夹紧薄壁工件时，更须注意。

（二）夹紧力作用点的确定

选择作用点的问题是指在夹紧方向已定的情况下，确定夹紧力作用点的位置和数目。应依据以下原则：①夹紧力作用点应落在支承元件上或几个支承元件所形成的支承面内；②夹紧力作用点应落在工件刚性好的部位上；③夹紧力作用点应尽可能靠近被加工表面，以减小切削力对工件造成的翻转力矩。必要时应在工件刚性差的部位增加辅助支承并施加夹紧力，以免振动和变形。

（三）夹紧力大小的确定

一般情况下加工中、小工件时，切削力对定位的破坏起决定性的作用。加工重型、大型工件时，必须考虑工件重力的作用。工件高速运动条件下加工时，则不能忽略离心力或惯性力对夹紧作用的影响。

夹紧力的大小还与工艺系统刚度、夹紧机构的传动效率等因素有关。夹紧力大小要适当，过大会使工件变形，过小则在加工时工件会松动造成报废，甚至发生事故。

三、数控车削装夹

在车床上用于装夹工件的装置称为车床夹具。在车削过程中，夹具用来定位、夹紧被加工工件，并带动工件一起随主轴旋转。

（一）三爪卡盘

三爪卡盘是最常用的车床通用卡具。三爪卡盘三爪运动距离相等，有自动定心的作用。为了防止车削时因工件变形和振动而影响加工质量，工件在三爪自定心卡盘中装夹时，其悬伸长度不宜过长。比如，工件直径 ≤ 30mm，其悬伸长度不应大于直径的 3 倍；若工件直径 > 30mm，其悬伸长度不应大于直径的 4 倍。

（二）液压卡盘

液压卡盘动作灵敏，装夹迅速、方便，能实现较大压紧力，能提高生产率和减轻劳动强度。自动化程度高的数控车床经常使用液压卡盘，尤其适用于批量加工。液压卡盘夹紧力的大小可通过调整液压系统的油压进行控制，以适应棒料、盘类零件和薄壁套筒零件的装夹。

（三）高速动力卡盘

为了提高数控车床的生产效率，对其主轴提出越来越高的要求，以实现高速甚至超高速切削。现在有的数控车床甚至达到 100 000r/min。对于这样高的转速，一般的卡盘已不适用，必须采用高速动力卡盘才能保证安全可靠地进行加工。

随着卡盘的转速提高，由卡爪、滑座和紧固螺钉组成的卡爪组件离心力急剧增大，卡爪对零件的夹紧力下降。高速动力卡盘常增设离心力补偿装置，利用补偿装置的离心力抵消卡爪组件离心力造成的夹紧力损失。另一个方法是减轻卡爪组件质量以减小离心力。

（四）可调卡爪式四爪卡盘

可调卡爪式四爪卡盘的四个基体卡座上的卡爪，可通过四个螺杆手动旋转移动径向位置，能单独调整各卡爪的位置使零件夹紧、定位。加工前，要把工件加工面中心对中到卡盘（主轴）中心，由于其装夹后不能自动定心，因此需要用更多的时间来夹紧和对正零件。

可调卡爪式四爪卡盘适合装夹形状比较复杂的非回转体，如方形、长方形等。一般用于定位、夹紧不同心或结构对称的零件表面。

（五）弹簧卡盘

弹簧卡盘定心精度高，装夹工件快捷方便，常用于精加工的外圆表面定位。它特别适用于尺寸精度较高、表面质量较好的冷拔圆棒料的夹持。它夹持工件的内孔是规定的标准系列，并非任意直径的工件都可以进行夹持。

（六）顶尖

工件装在主轴顶尖和尾座顶尖之间，顶尖与中心孔配合对工件定心，并承受工件的重量和切削力。

常用顶尖一般可分为普通顶尖和回转顶尖两种。普通顶尖刚性好，定心准确，但与工件中心孔之间因产生滑动摩擦而发热过多，容易将中心孔或顶尖"烧坏"，因此，如果尾架上是普通顶尖，则轴的右中心孔应涂上黄油，以减小摩擦。普通顶尖适用于低速加工精度要求较高的工件。回转顶尖将顶尖与工件中心孔之间的湍动摩擦改成顶尖内部轴承的滚动摩擦，能在很高的转速下正常地工作。

（七）拨动卡盘、拨齿顶尖

在数控车床上加工轴类零件时，毛坯装在主轴顶尖和尾座顶尖之间，工件用主轴上的拨动卡盘或拨齿顶尖带动旋转。这类夹具在粗车时可传递足够大的转矩，以适应主轴高转速切削。

自动夹紧拨动卡盘结构如图 3-1 所示。工件安装在主轴顶尖和车床的尾座顶尖上。当旋转车床尾座螺杆并向主轴方向顶紧工件时，顶尖也同时顶压起着自动复位作用的弹簧，最终触动拨动触头夹紧工件，并将机床主轴的转矩传给工件。

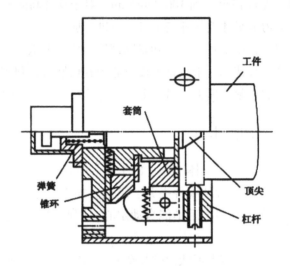

图 3-1　自动夹紧拨动卡盘结构

车削加工中常用的拨动顶尖有内、外拨齿顶尖和端面拨齿顶尖两种。内、外拨齿顶尖的锥面带齿，能嵌入工件，拨齿件旋转。端面拨齿顶尖利用端面拨爪带动工件旋转。

如图 3-2 所示为拨齿顶尖结构。壳体可通过标准变径套或直接与车床主轴孔联结，拨齿套通过螺钉与壳体联结。

图 3-2　拨齿顶尖结构

四、数控铣床、加工中心常用夹具

数控铣床、加工中心的零件装夹一般都是以平面工作台为安装的基础，定位夹具或零件，并通过夹具最终定位夹紧零件，使零件在整个加工过程中始终与工作台保持正确的相对位置。

（一）用平口钳装夹零件

数控铣床常用夹具平口钳，先把平口钳固定在工作台上，找正钳口，再把零件装夹在平口钳上，这种方式装夹方便，应用广泛，适于装夹形状规则的小型零件。如图3-3所示为机床用平口钳装夹零件操作。

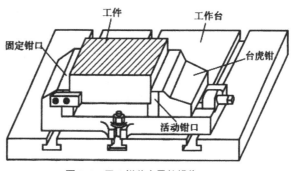

图 3-3 平口钳装夹零件操作

（二）基本装夹元件装夹工件

对中、大型和形状比较复杂的工件，一般采用定位销、定位块定位工件，用压板将工件紧固在数控铣床工作台台面上。例如，箱体工件在工作台上安装，通常用一个导向面、两个支承面的三面安装法或采用一个平面和两个销孔的安装定位，而后用压板压紧固定。如图3-4所示为基本装夹元件装夹工件示例。

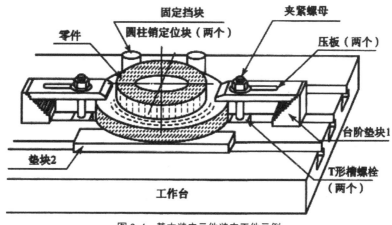

图 3-4 基本装夹元件装夹工件示例

（三）铣床上的三爪卡盘应用

使用机床工作台上的三爪卡盘装夹圆柱面工件比较适合。如果已经完成圆柱表面的加工，应在卡盘上安装一套软卡爪。使用端铣刀加工卡爪，直至达到要求夹紧的表面的准确直径。如图 3-5 所示为三爪卡盘装夹圆柱工件示例。

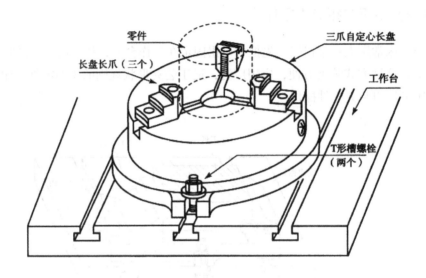

图 3-5　三爪卡盘装夹圆柱工件示例

五、夹具选用

（一）专用夹具

对于工厂的主导产品，批量较大、精度要求较高的关键性零件，在加工中心上加工时，选用专用夹具是非常必要的。

专用夹具是根据某一零件的结构特点专门设计的夹具，具有结构合理、刚性强、装夹稳定可靠、操作方便，能提高安装精度及装夹速度等优点。选用这种夹具加工零件，尺寸比较稳定，互换性也较好，可大大提高生产率。但是，专用夹具所固有的只能为一种零件的加工，专用的狭隘性和产品品种不断变形更新的形势不相适应，特别是专用夹具的设计和制造周期长，花费的劳动量较大，加工简单零件时不太经济。

（二）组合夹具

组合夹具是一种标准化、系列化、通用化程度很高的工艺装备。组合夹具由一套预先制造好的不同形状、不同规格、不同尺寸的标准元件及部件组装而成，组合夹具元件具有完全互换性及高耐磨性。

组合夹具把专用夹具的设计、制造、使用、报废的单向过程变为组装、拆散、清洗入库、再组装的循环过程。可用几小时的组装周期代替几个月的设计制造周期，从而缩短了生产周期；节省了工时和材料，降低了生产成本；还可减少夹具库房面积，有利于管理。

组合夹具的元件精度一般为 IT6 ~ IT7 级。用组合夹具加工的零件，位置精度一般可达 IT8 ~ IT9 级，若精心调整，可以达到 IT7 级。

由于组合夹具有很多优点，又特别适用于新产品试制和多品种小批量生产，所以，近年来发展迅速，应用较广。组合夹具的主要缺点是体积较大、刚度较差、一次投资多、成本高，这使组合夹具的推广应用受到一定的限制。组合夹具分为槽系和孔系两大类。

1. 槽系组合夹具

槽系组合夹具是元件间主要靠键和槽定位的组合夹具。槽系夹具根据 T 形槽宽度分大（16mm）、中（12mm）、小（8mm）三个系列，槽系组合夹具由八大类元件组成，即基础件、合件、定位件、紧固件、压紧件、支承件、导向件和其他件。槽系组合夹具应用示例如图 3-6 所示。

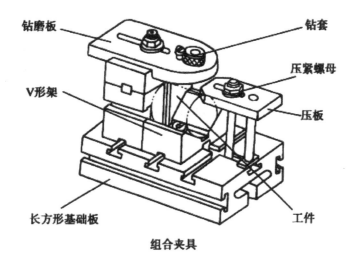

图 3-6　槽系组合夹具应用示例

2. 孔系组合夹具

孔系组合夹具，元件间通过孔与销来定位。孔系根据孔径分四种系列（d=10、12、16、24）。孔系组合夹具具有精度高、刚性好、易于组装等特点。如图 3-7 所示为孔系组合夹具图。

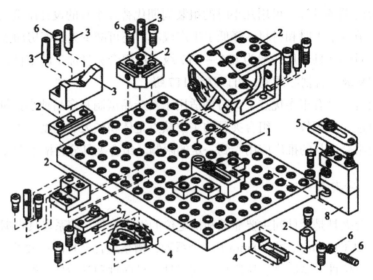

图 3-7　孔系组合夹具图

（三）可调夹具

通用可调夹具与成组夹具，都属于可调夹具。其特点是只要更换或调整个别定位、夹紧或导向元件，即可用于形状和工艺相似、尺寸相近的多种零件的加工。不仅适合多品种、小批量生产的需要，也能应用在少品种、较大批量的生产中。采用可调夹具，可以大大地减少专用夹具的数量，缩短生产准备周期，降低产品成本。可调夹具是比较先进的新型夹具。

通用可调夹具是在调节范围内可无限调节的夹具，由基础部分和调整部分组成。夹具基础部分一般包括夹具体、夹紧机构及传动机构等；调整部分一般包括定位、夹紧、导向元件中的一些可换件或可调件。通过对可调、换部件的调整或更换，可适应工艺、形状、尺寸、精度相似的不同零件的加工。通用可调夹具的加工对象较广，加工对象不十分确定。

成组夹具是为适合一组零件某工序的加工而设计的夹具，同组零件有相似加工结构，成组夹具根据组内的典型零件进行设计，并能保证适合同组零件加工的技术要求。简易可行、迅速、精确是调整性能最主要的要求。

（四）夹具选用

在选择夹具时，根据产品的生产批量、生产效率、质量保证及经济性等可参照下列原则：①在单件或研制新产品，且零件较简单时，尽量采用通用夹具；②在生产量小或研制新产品时，应尽量采用通用组合夹具；③成批生产时可考虑采用专用夹具，但应尽量简单；④在生产批量较大时，可考虑采用多工位夹具和气动、液压夹具。

第四章　数控刀具及使用

第一节　数控刀具的种类与特点

一、数控刀具的种类

随着数控机床结构、功能的发展，现在数控机床所使用的刀具，已不是普通机床所采用的那样"一机一刀"的模式，而是多种不同类型的刀具同时在数控机床的主轴上（或刀盘上）轮换使用，可以达到自动换刀的目的。因此对"数控刀具"的含义应理解为"数控工具系统"。由于数控设备特别是加工中心加工内容的多样性，使其配备的刀具和装夹工具种类也很多，并且要求刀具更换迅速。因此，刀辅具的标准化和系列化十分重要。把通用性较强的刀具和配套装夹工具系列化、标准化，就成为通常所说的工具系统。采用工具系统进行加工，虽然工具成本高些，但它能可靠地保证加工质量，最大限度地提高加工质量和生产率，使加工中心的效能得到充分的发挥。

除数控磨床和数控电加工机床之外，其他的数控机床加工时通常都采用数控刀具，数控刀具主要是指数控车床、数控铣床、加工中心等机床上所使用的刀具。数控刀具按不同的分类方式可分为以下三类：

（一）从结构上分类

1. 整体式

由整块材料制成，使用时可根据不同用途将切削部分修磨成所需要的形状。

2. 镶嵌式

它分为焊接式和机夹式。机夹式又根据刀体结构的不同，可分为不转位和可转位两种。

3.减振式

当刀具的工作臂长度与直径比大于 4 时，为了减少刀具的振动，提高加工精度，所采用的一种特殊结构的刀具，主要用于镗孔。

4.内冷式

刀具的切削冷却液通过机床主轴或刀盘传递到刀体内部，由喷孔喷射到切削刃部位。

5.特殊形式

包括强力夹紧、可逆攻丝、复合刀具等。

目前数控刀具主要采用机夹可转位刀具。

（二）从刀具的材料上分类

从刀具材料上有如下分类：①高速钢刀具；②硬质合金刀具；③陶瓷刀具；④立方氮化硼刀具；⑤聚晶金刚石刀具。

目前数控机床用得最普遍的是硬质合金刀具。

（三）从切削工艺上分类

1.车削刀具

有外圆车刀、端面车刀和成型车刀等。

2.钻削刀具

有普通麻花钻、可转位浅孔钻、扩孔钻等。

3.镗削刀具

有单刃镗刀、双刃镗刀、多刃组合镗刀等。

4.铣削刀具

分面铣刀、立铣刀、键槽铣刀、模具铣刀、成型铣刀等。

二、数控刀具的特点

为了使数控机床真正发挥效率，能够达到加工精度高、加工效率高、加工工序集中及零件装夹次数少等要求，数控机床上所用的刀具在性能上应具有以下特点：

（一）很高的切削效率

由于数控机床价格昂贵，则希望提高加工效率。随着机床向高速、高刚度和大功率发展，目前车床和车削中心的主轴转速都在 8000r/min 以上，加工中心的主轴转速一般都在 15 000 ~ 20 000r/min，还有 40 000r/min 和 60 000r/min 的。预测硬质合金刀具的切削速度将由 200 ~ 300m/min 提高到 500 ~ 600m/min，陶瓷刀具的切削速度将提高到 800 ~ 1 000m/min。因此，现代刀具必须具有能够承受高速切削和强力切削的性能。一些发达工业国家在数控机床上使用涂层硬质合金刀具、超硬刀具和陶瓷刀具所占的比例不断增加。现在辅助工时因自动化而大大减少，刀具切削效率的提高，将使产量提高并明显降低成本。因此，在数控加工中应尽量使用优质高效刀具。

（二）很高的精度和重复定位精度

现在高精密加工中心，加工精度可以达到 3 ~ 5μm，因此刀具的精度、刚度和重复定位精度必须与这样高的加工精度相适应。另外，刀具的刀柄与快换夹头间或与机床锥孔间的连接部分有高的制造、定位精度。所加工的零件日益复杂和精密，这就要求刀具必须具备较高的形状精度。国外研制的用于数控车床不需要预调的精化刀具，其刀尖的位置精度要求很高（如图 4-1 所示）。对数控机床上所用的整体式刀具也提出了较高的精度要求，有些立铣刀的径向尺寸精度高达 5μm，以满足精密零件的加工需要。

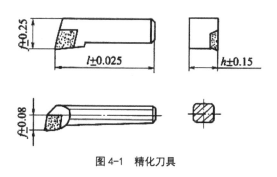

图 4-1　精化刀具

（三）很高的可靠性和耐用度

为了保证产品质量，在数控机床上对刀具实行强迫换刀制，或由数控系统对刀具寿命进行管理，所以，刀具工作的可靠性已上升为选择刀具的关键指标。为满足数控加工及对难加工材料加工的要求，刀具材料应具有较高的切削性能和耐用度。不但其切削性能要好，而且一定要稳定，同一批刀具在切削性能和刀具寿命方面不得有较大差异，以免在无人看管的情况下，因刀具先期磨损和破损造成加工工件的大量报废甚至损坏机床。

（四）实现刀具尺寸的预调和快速换刀

刀具结构应能预调尺寸，以能达到很高的重复定位精度。如果数控机床采用人工换刀，则使用快换夹头。对于有刀库的加工中心，则实现自动换刀。

（五）具备一个比较完善的工具系统

模块式工具系统能更好地适应多品种零件的生产，且有利于工具的生产、使用和管理，能有效地减少使用厂的工具储备。配备完善、先进的工具系统是用好数控机床的重要一环。

（六）建立刀具管理系统

在加工中心和柔性制造系统出现后，刀具管理相当复杂。刀具数量大，不仅要对全部刀具进行自动识别，记忆其规格尺寸、存放位置、已切削时间和剩余切削时间等，还需要管理刀具的更换、运送，刀具的刃磨和尺寸预调等。

（七）建立刀具在线监控及尺寸补偿系统

在刀具损坏时能及时判断、识别并补偿，防止工件出现废品和意外事故。

第二节　数控刀具的材料与工具系统

一、数控刀具的材料

（一）数控刀具材料的性能

切削时，刀具切削部分不仅要承受很大的切削力，而且要承受切削变形和摩擦所产生的高温。要使刀具能在这样的条件下工作而不致很快地变钝或损坏，保持其切削能力，就必须使刀具材料具有以下性能：

1. 较高的硬度

刀具材料的硬度必须高于被加工材料的硬度，以便在高温状态下依然可以保持其锋利。通常常温状态下刀具材料的硬度都在 60HRC 以上。

2. 较好的耐磨性

在通常情况下，刀具材料硬度越高，耐磨性越好。刀具材料组织中碳化物越多，颗粒越细，则分布越均匀，其耐磨性越高。

3. 足够的强度和韧性

刀具切削部分的材料在切削时要承受很大的切削力和冲击力。因此，刀具材料必须有足够的强度和韧性。在工艺上一般用刀具材料的抗弯强度来表示刀片的强度大小；用冲击韧性来表示刀片韧性的大小：刀片韧性的大小反映出刀具材料抗脆性断裂和抗崩刃的能力。

4. 良好的耐热性和导热性

耐热性表示刀片在高温状态下保持其切削性能的能力。耐热性越好，刀具材料在高温时抗塑性变形的能力、抗磨损的能力越强。另外，刀片材料的导热性也是表示刀具使用性能的一个方面。导热性越好，切削时产生的热量越容易传导出去，从而降低切削部分的温度，减少刀具磨损，刀具抗变形的能力越强。

5. 良好的加工工艺性

刀片的加工工艺性主要反映在其成型和刃磨的能力上，包括锻压、焊接、切削加工、热处理、可磨性等。

6. 抗黏结性

防止工件与刀具材料分子间在高温高压作用下互相吸附产生黏结。

7. 化学稳定性

指刀具材料在高温下，不易与周围介质发生化学反应。

8. 经济性

价格便宜，易于加工和运输。

（二）各种数控刀具材料

现今所采用的刀具材料，大体上可分为五大类：高速钢、硬质合金、陶瓷、立方氮化硼、聚晶金刚石。

l. 高速钢（High Speed Steel）

目前国内外应用比较普遍的高速钢刀具材料以 WMo 系、WMoAl 系、WMoC 系为主，其中 WMoAl 系是我国所特有的品种。高速钢的主要特征有：合金元素含量多且结晶颗粒比其他工具钢细，淬火温度极高（1200℃）而淬透性极好，可使刀具整体的硬度一致。回火时有明显的二次硬化现象，甚至比淬火硬度更高且耐回火软化性较高，在 600℃仍能保持较高的硬度，较之其他工具钢耐磨性好，且比硬质合金韧性高，但压延性较差，热加工困难，耐热冲击较弱。因此，高速钢刀具仍是数控机床刀具的选择对象之一。

2. 硬质合金（Cemented Carbide）

硬质合金是将钨钴类（WC）、钨钛钴类（WC-TiC）、钨钛钽（铌）钴类（WC-TiC-TaC）等硬质碳化物以 Co 为结合剂烧结而成的物质，其主体为 WC-Co 系，在铸铁、非铁金属和非金属的切削中大显身手。20 世纪 30 年代，TiC 以及 TaC 等添加的复合碳化物系硬质合金在铁系金属的切削之中显示出极好的性能，于是硬质合金得到了很大程度的普及。按 ISO 标准主要以硬质合金的硬度、抗弯强度等指标为依据，硬质合金刀片材料大致分为 K、P、M 三大类。又分别在 K、P、M 三种代号之后附加 01、05、10、20、30、40、50 等数字进一步细分。一般来讲，数字越小，硬度越高，但韧性越低；而数字越大则硬度越低，但韧性越高。

（1）K类

国家标准YG类，成分为WC+Co，适于加工短切屑的黑色金属、有色金属及非金属材料。主要成分为碳化钨和3%～10%钴，有时还含有少量的碳化钽等添加剂。

（2）P类

国家标准YT类，成分为WC+TiC，适于加工长切屑的黑色金属。主要成分为碳化钛、碳化钨和钴（或镍），有时加入碳化钽等添加剂。

（3）M类

国家标准YW类，成分为WC+TiC+TaC，适于加工长切屑或短切屑的黑色金属和有色金属。成分和性能介于K类和P类之间，可用来加工钢和铸铁。

以上为一般切削工具所用硬质合金的大致分类。此外，还有超微粒子硬质合金，可以认为从属于K类。但因其烧结性能上要求结合剂Co的含量较高，故高温性能较差，大多只适用于钻、铰等低速切削工具。

涂层硬质合金刀片是在韧性较好的工具表面涂上一层耐磨损、耐溶、耐反应的物质，使刀具在切削中同时具有既硬而又不易破损的性能（英文名称为Coated tool）。涂层的方法分为两大类：一类为物理涂层（PVD），是在550℃以下将金属和气体离子化后喷涂在工具表面；另一类为化学涂层（CVD），是将各种化合物通过化学反应沉积在工具上形成表面膜，反应温度一般都在1000～1100℃左右。

常见的涂层材料有TiC、TiN、TiCN、Al_2O_3等陶瓷材料。由于这些陶瓷材料都具有耐磨损（硬度高）、耐化学反应（化学稳定性好）等性能，所以就硬质合金的分类来看，既具备K类的功能，也能满足P类和M类的加工要求。也就是说，尽管涂层硬质合金刀具基体是P、M、K中的某一种类，而涂层之后其所能覆盖的种类就相当广了，既可以属于K类，也可以属于P类和M类。故在实际加工中对涂层刀具的选取不应拘泥于P（YT）、M（YW）、K（YG）等划分，而是应该根据实际加工对象、条件以及各种涂层刀具的性能进行选取。

从使用的角度来看，希望涂层的厚度越厚越好。但涂层一旦过厚，则易引起剥离而使涂层工具丧失本来的功效。一般情况下，用于连续高速切削的涂层厚度为5～15μm，多为CVD法制造。在冲击较强的切削中，特别要求涂膜有较高的附着强度以及涂层对工具的韧性不产生生太大的影响，涂层的厚度控制在2～3μm，且多为PVD涂层。

涂层刀具的使用范围相当广，从非金属、铝合金到铸铁、钢以及高强度钢、高硬度钢和耐热合金、钛合金等难加工材料的切削均可使用，且普遍较硬质合金的性能要好。

3.陶瓷（Ceramics）

陶瓷是含有金属氧化物或氮化物的无机非金属材料。从20世纪30年代就开始研究以陶瓷作为切削工具。陶瓷刀具基本上由两大类组成：一类为纯氧化铝类（白色陶瓷）；另一类为TiC添加类（黑色陶瓷）。还有在AL_2O_3中添加SiCw（晶须）、ZrO_2（青色陶瓷）

来增加韧性的，以及以 Si_3N_4 为主体的陶瓷刀具。

陶瓷材料具有高硬度（刀片硬度可达 78HRC 以上），高温强度好（能耐 1200℃ ~ 1450℃高温）的特性，化学稳定性亦很好，故能达到较高的切削速度。但抗弯强度低，怕冲击，易崩刃。对此，热等静压技术的普及对改善结晶的均匀细密性、提高陶瓷的各个性能均衡乃至提高韧性起到了很大的作用，作为切削工具用的陶瓷抗弯强度已经提高到 900MPa 以上。

一般来说，陶瓷刀具相对硬质合金和高速钢来说仍是极脆的材料，因此多用于高速连续切削，例如铸铁的高速加工。另外，陶瓷的热传导率相对硬质合金来说非常低，是现有工具材料中最低的一种，故在切削加工中加工热容易被积蓄，且对于热冲击的变化较难承受。所以，加工中陶瓷刀具很容易因热裂纹产生崩刃等损伤，且切削温度亦较高。陶瓷刀具因其材质的化学稳定性好、硬度高，在耐热合金等难加工材料的加工中有广泛的应用。

金属陶瓷是为解决陶瓷刀具脆性大的问题而出现的，其成分以 TiC（陶瓷）为基体，Ni、Mo（金属）为结合剂，故取名为金属陶瓷。金属陶瓷刀具最大的优点是与被加工材料的亲和性极低，故不易产生粘刀和积屑瘤现象，使加工表面非常光洁平整，在一般刀具材料中可谓精加工用的佼佼者。但由于韧性差而限制了它的使用范围。通过添加 WC、TaC、TiN、TaN 等异种碳化物，使其抗弯强度达到了硬质合金的水平，因而得到广泛的运用。日本黛杰（DUET）公司新近推出通用性更为优良的 CX 系列金属陶瓷，以适应各种切削状态的加工要求。

4. 立方氮化硼（Cubic Boron Nitride，CBN）

立方氮化硼是靠超高压、高温技术人工合成的新型高硬度刀具材料，其结构与金刚石相似，此工具由美国 GE 公司研制开发，它的硬度略逊于金刚石，可达 7300 ~ 9000HV，但热稳定性远高于金刚石，可耐 1300℃ ~ 1450℃高温，并且与铁族元素亲和力小，不易产生积屑瘤，是迄今为止能够加工铁系金属最硬的一种刀具材料。它的出现使无法进行正常切削加工的淬火钢、耐热钢的高速切削变为可能。硬度 60 ~ 65HRC、70HRC 的淬硬钢等高硬度材料均可采用 CBN 刀具来进行切削。所以，在很多场合都以 CBN 刀具进行切削来取代迄今为止只能采用磨削来加工的工序，使加工效率得到了极大的提高。

切削加工普通灰铸铁时，一般来说线速度 300m/min 以下采用涂层硬质合金，300 ~ 500m/min 以内采用陶瓷，500m/min 以上用 CBN 刀具材料。而且最近的研究表明，用 CBN 切削普通灰铸铁，当速度超过 800m/min 时，刀具寿命随着切削速度的增加反而更长。其原因一般认为在切削过程中，刃口表面会形成 Si_3N_4、Al_2O_3 等保护膜替代刀刃的磨损。因此，可以说 CBN 将是超高速加工的首选刀具材料。

5. 聚晶金刚石（Polymerize Crystal Diamond，PCD）

金刚石刀具与铁系金属有极强的亲和力，切削中刀具中的碳元素极易发生扩散而导致磨损，因此一般不适宜加工黑色金属。但与其他材料的亲和力很低，切削中不易产生粘刀现象，切削刃口可以磨得非常锋利，所以主要用于高效地加工有色金属和非金属材料，能得到高精度、高光亮的加工面，特别是PCD刀具消除了金刚石的性能异向性，使其在高精加工领域中得到了普及。金刚石在大气中温度超过600℃时将被碳化而失去其本来面目，故金刚石刀具不宜用于可能会产生高温的切削中。

从总体上分析，上述五大类刀具材料的硬度、耐磨性，以金刚石最高，递次降低到高速钢。而材料的韧性则是高速钢最高，金刚石最低。如图4-2中显示了目前实用的各种刀具材料根据硬度和韧性排列的大致位置。涂层刀具材料具有较好的实用性能，也是将来能使硬度和韧性并存的手段之一。在数控机床中，采用最广泛的是硬质合金类，因为这类材料目前从经济性、适应性、多样性、工艺性等各方面，综合效果都优于陶瓷、立方氮化硼、聚晶金刚石。

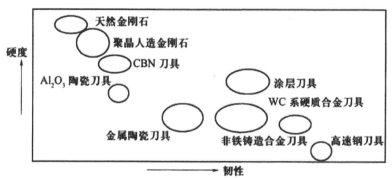

图4-2　刀具材料的硬度与韧性的关系

二、数控工具系统

（一）数控工具系统

目前数控机床采用的工具系统有车削类工具系统和镗铣类工具系统。

I. 车削类工具系统

随着车削中心的产生和各种全功能数控车床数量的增加，人们对数控车床和车削中心所使用的刀具提出了更高的要求，形成了一个具有特色的车削类刀具系统。目前，已出现了几种车削类工具系统，它们具有换刀速度快、刀具的重复定位精度高，连接刚度高等特点，提高了机床的加工能力和加工效率。被广泛采用的一种整体式车削工具系统是CZG车削工具系统，它与机床的连接口的具体尺寸及规格可参考相关资料。如图4-3所示为车削加工用模块化快换刀具结构，它由刀具头部、连接部分和刀体组成。这种刀体还可装车、钻、镗、攻丝、检测头等多种工具。

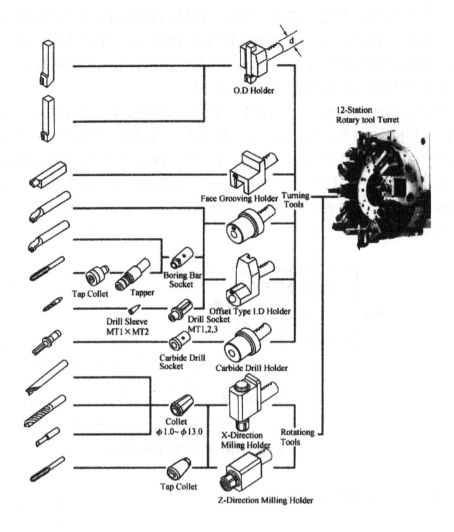

图 4-3　车削加工用模块化快换刀具结构

2.镗铣类工具系统

镗铣类工具系统一般由与机床主轴连接的锥柄、延伸部分的连杆和工作部分的刀具组成。它们经组合后可以完成钻孔、扩孔、铰孔、镗孔、攻螺纹等加工工艺。镗铣类工具系统分为整体式结构和模块式结构两大类。如图 4-4 所示是 TSG82 工具系统。

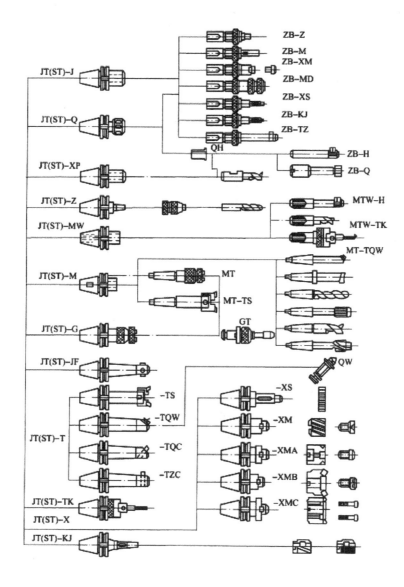

图 4-4　TSG82 工具系统

（1）整体式结构

我国 TSG82 工具系统就属于整体式结构的工具系统。它的特点是将锥柄和连杆连成一体，不同品种和规格的工作部分都必须带有与机床相连的柄部。其优点是结构简单、使用方便、可靠、更换迅速等；缺点是锥柄的品种和数量较多，选用时一定要按图示进行配置。

（2）模块式结构

模块式结构把工具的柄部和工作部分分开，制成系统化的主柄模块、中间模块和工具模块，每类模块中又分为若干小类和规格，然后用不同规格的中间模块组装成不同用途、不同规格的模块式刀具，这样就方便了制造、使用和保管，减少了工具的规格、品种和数量的储备，对加工中心较多的企业有很高的实用价值。

目前，模块式工具系统已成为数控加工刀具发展的方向。国外有许多应用比较成熟和广泛的模块化工具系统。例如瑞士的山特维克（SANDVIK）公司有比较完善的模块式工具系统，在我国的许多企业得到了很好的应用。国内的 TGM10 和 TGM21 工具系统就属于这一类。如图 4-5 所示为 TGM 工具系统。

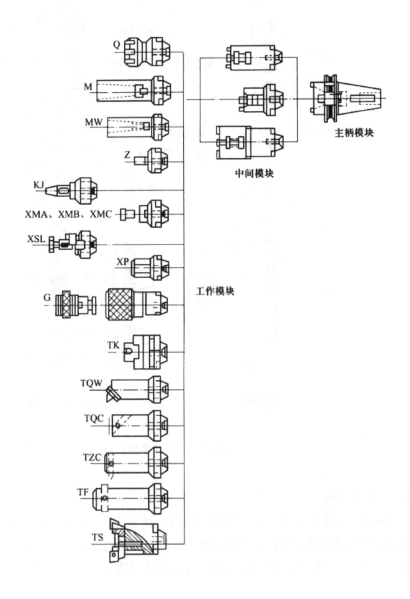

图 4-5　TGM 工具系统

发展模块式工具的主要优点是：①减少换刀时间和刀具的安装次数，缩短生产周期，提高生产效率；②促使工具向标准化和系列化发展；③便于提高工具的生产管理及柔性加工的水平；④扩大工具的利用率，充分发挥工具的性能，减少用户工具的储备量。

（二）刀柄的分类及选择

刀柄是机床主轴和刀具之间的连接工具，是数控机床工具系统的重要组成部分之一，是加工中心必备的辅具。它除了能够准确地安装各种刀具外，还应满足在机床主轴上的自动松开和拉紧定位、刀库中的存储和识别以及机械手的夹持和搬运等需要。刀柄分为整体式和模块式两类，如图 4-6 所示。整体式刀柄针对不同的刀具配备，其品种、规格繁多，给生产、管理带来不便；模块式刀柄克服了上述缺点，但对连接精度、刚性、强度都有很高的要求。刀柄的选用要和机床的主轴孔相对应，并且已经标准化和系列化。

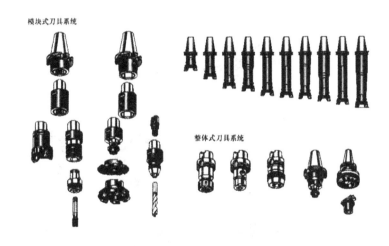

图 4-6　刀柄结构组成

加工中心上一般采用 7 ∶ 24 圆锥刀柄，如图 4-7 所示。这类刀柄不能自锁，换刀比较方便，与直柄相比具有较高的定心精度和刚度。其锥柄部分和机械抓拿部分均有相应的国际和国家标准。GB 10944《自动换刀机床用 7 ∶ 24 圆锥工具柄部 40、45 和 50 号圆锥柄》和 GB 10945《自动换刀机床用 7 ∶ 24 圆锥工具柄部 40、45 和 50 号圆锥柄用拉钉》对此做了规定。这两个国家标准与国际标准 ISO 7388-1 和 ISO 7388-2 等效。选用时，具体尺寸可以查阅有关国家标准。

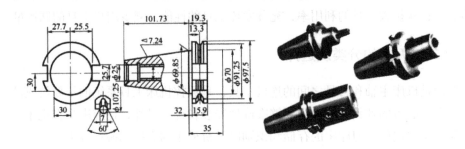

图 4-7　自动换刀机床用 7：24 圆锥工具柄部（JT）

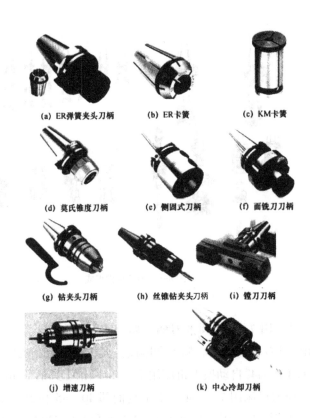

图 4-8　各类刀柄

ER 弹簧夹头刀柄，如图 4-8（a）所示，它采用 ER 卡簧，夹紧力不大，适用于 Φ16mm 以下的铣刀。ER 卡簧如图 4-8（b）所示。

强力夹头刀柄，其外形与 ER 弹簧夹头刀柄相似，但采用 KM 卡簧，可以提供较大夹紧力，适用于夹持 Φ16mm 以上铣刀进行强力铣削。KM 卡簧如图 4-8（c）所示。

莫氏锥度刀柄，如图 4-8（d）所示，它适用于莫氏锥度刀杆的钻头、铣刀等。

侧固式刀柄，如图 4-8（e）所示，它采用侧向夹紧，适用于切削力大的加工，但一种尺寸的刀具须对应配备一种刀柄，规格较多。

面铣刀刀柄，如图 4-8（f）所示，与面铣刀刀盘配套使用。

钻夹头刀柄，如图 4-8（g）所示，它有整体式和分离式两种，用于装夹 Φ13mm 以下的中心钻、直柄麻花钻等。

丝锥钻夹头刀柄，如图 4-8（h）所示，适用于自动攻丝时装夹丝锥，一般具有切削力限制功能。

镗刀刀柄，如图 4-8（i）所示，适用于各种尺寸孔的镗削加工，有单刃、双刃及重切削等类型，在孔加工刀具中占有较大的比重，是孔精加工的主要手段，其性能要求也很高。

增速刀柄，如图 4-8（j）所示，当加工所需的转速超过了机床主轴的最高转速时，可以采用这种刀柄将刀具转速增大 4 ~ 5 倍，扩大机床的加工范围。

中心冷却刀柄，如图 4-8（k）所示，为了改善切削液的冷却效果，特别是在孔加工时，采用这种刀柄可以将切削液从刀具中心喷入切削区域，极大地提高了冷却效果，并有利于排屑。使用这种刀柄，要求机床具有相应的功能。

第三节　数控刀具的选择

一、选择数控刀具应考虑的因素

选择刀片或刀具应考虑的因素是多方面的，归纳起来应该考虑的要素有以下几点：①被加工工件常用的工件材料有有色金属（铜、铝、钛及其合金）、黑色金属（碳钢、低合金钢、工具钢、不锈钢、耐热钢等）、复合材料、塑料类等；②被加工件材料性能，包括硬度、韧性、组织状态等；③切削工艺的类别有车、钻、铣、镗，粗加工、精加工、超精加工，内孔，外圆，切削流动状态，刀具变位时间间隔等；④被加工工件的几何形状（影响到连续切削或间断切削、刀具的切入或退出角度）、零件精度（尺寸公差、形位公差、表面粗糙度）和加工余量等因素；⑤要求刀片（刀具）能承受的切削用量（切削深度、进给量、切削速度）；⑥生产现场的条件（操作间断时间、振动电力波动或突然中断）；

⑦被加工工件的生产批量，影响到刀片（刀具）的寿命。

二、数控车削刀具的选择

目前在数控机床上采用的刀具，从材料方面主要采用硬质合金，从结构方面主要是镶嵌式机夹可转位刀片的刀具。选用机夹可转位刀片，首先要了解各类型的机夹可转位刀片的代码。可转位刀片用于车、铣、钻、镗等不同的加工方式，其代码的具体内容也略有不同。车削系统的刀具主要是刀片的选取，本节先介绍可转位刀片，然后介绍车削加工中刀片的选择方法，其他切削加工的刀片也可做参考。

（一）可转位刀片代码

按国际标准 ISO 1832—1985，可转位刀片的代码是由 10 位字符串组成的，以车刀可转位刀片 CNMG120408 □ RPF 为例介绍，其排列如下：

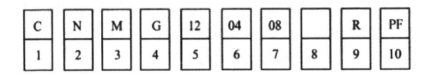

式中 1 为刀片形状的代码（如图 4-9 所示），如代码 C 表示刀尖角为 80°；

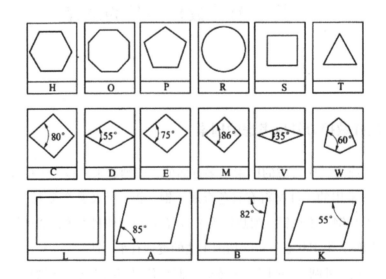

图 4-9　刀片形状代码

式中 2 为主切削刃后角的代码（如图 4-10 所示），如代码 N 表示后角为 0°；

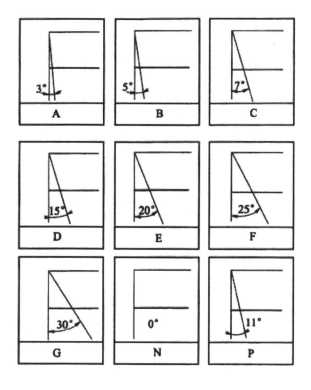

图 4-10 主切削刃后角代码

式中 3 为刀片尺寸公差的代码（如图 4-11 所示），如代码 M 表示刀片厚度公差为 ±0.130；

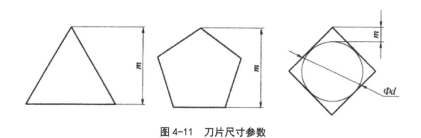

图 4-11 刀片尺寸参数

式中 4 为刀片断屑及夹固形式的代码（如图 4-12 所示），如代码 G 表示双面断屑槽，夹固形式为通孔；

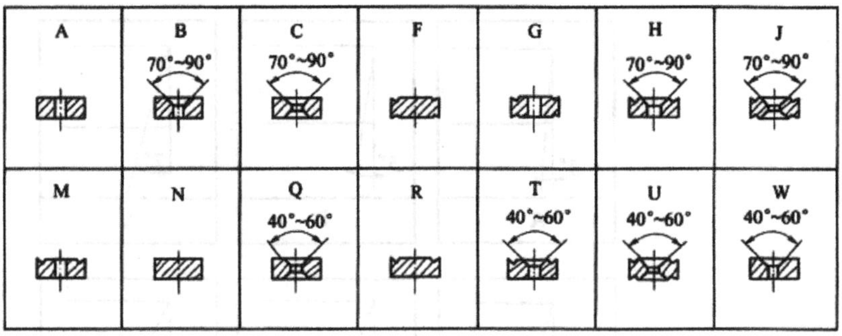

A	B 70°~90°	C 70°~90°	F	G	H 70°~90°	J 70°~90°
M	N	Q 40°~60°	R	T 40°~60°	U 40°~60°	W 40°~60°

图 4-12　刀片断屑及夹固形式代码

式中 5 为切削刃长度表示方法（如图 4-13 所示），如代码 12 表示切削刃长度为 12mm；

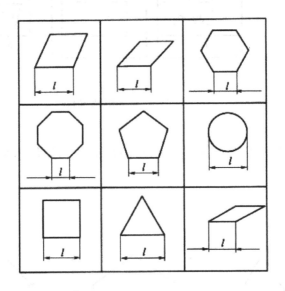

图 4-13　切削刃长度表示方法

式中 6 为刀片厚度的代码（如图 4-14 所示），如代码 04 表示刀片厚度为 4.76mm；

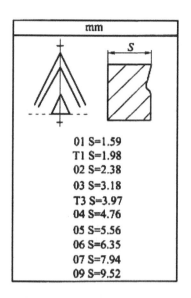

图 4-14　刀片厚度代码

式中 7 为修光刃的代码（如图 4-15 所示），如代码 08 表示刀尖圆弧半径为 0.8mm；

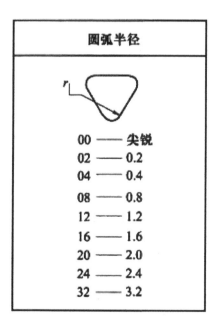

图 4-15　修光刃代码

式中 8 为表示特殊需要的代码；

式中9为进给方向的代码，如代码R表示右进刀，代码L表示左进刀，代码N表示中间进刀；

式中10为断屑槽型的代码。

（二）可转位刀片型号的选用

可转位刀片型号的选用分为四个步骤：选择刀片夹固系统、选择可转位刀片型号、选择刀片刀尖圆弧和选择刀片材料牌号。

1.选择刀片夹固系统

根据切削加工要求选择合适的刀片夹固方式，刀片夹固系统的结构如图4-16所示，刀片夹固系统的使用性能分成1～5级，其中5级是最佳选择。

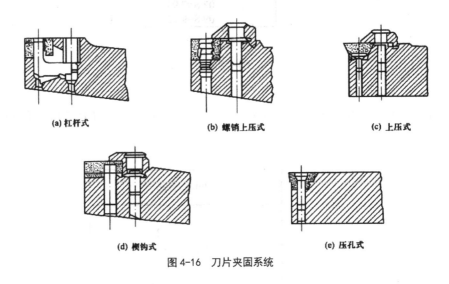

(a) 杠杆式　(b) 螺销上压式　(c) 上压式

(d) 楔钩式　(e) 压孔式

图4-16　刀片夹固系统

2.选择可转位刀片型号

选择可转位刀片型号时要考虑多方面的因素，根据加工零件的形状选择刀片形状代码；根据切削加工的材料选择主切削刃后角代码；根据零件的加工精度选择刀片尺寸公差代码；根据加工要求选择刀片断屑及夹固形式代码；根据选用的切削用量选择刀片切削刃长度代码。此外，还要选择刀片断屑槽型，通过理论公式计算刀片切削刃长度。

3.选择刀片刀尖圆弧

在粗加工时按刀尖圆弧半径选择刀具最大进给，或通过经验公式计算刀具进给量；精加工时，按工件表面粗糙度要求计算精加工进给量。

4.选择刀片材料牌号

车刀刀片的材料主要有高速钢、硬质合金、涂层硬质合金、陶瓷、立方氮化硼和金刚石等。其中应用最多的是硬质合金和涂层硬质合金刀片。选择刀具材料，主要依据被加工工件的材料、被加工表面的精度要求，切削载荷的大小以及切削过程有无冲击和振动等。具体使用时可查阅有关刀具手册，根据车削工件的材料及其硬度、选用的切削用量来选择可转位刀片材料的牌号。

（三）铣刀类型的选择

铣刀类型应与被加工工件尺寸与表面形状相适应。各种数控铣刀的形状如图 4-17 所示。选用数控铣刀时应注意以下几点：

第一，铣削平面时，应采用可转位式硬质合金刀片铣刀。一般采用两次走刀，一次粗铣、一次精铣。当连续切削时，粗铣刀直径要小小些以减小切削扭矩，精铣刀直径要大一些，最好能包容待加工表面的整个宽度。加工余量大且加工表面又不均匀时，刀具直径要选得小一些，否则，当粗加工时会因接刀刀痕过深而影响加工质量。

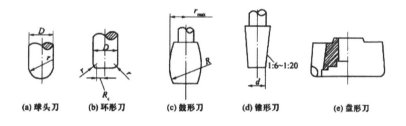

(a) 球头刀　　(b) 环形刀　　(c) 鼓形刀　　(d) 锥形刀　　(e) 盘形刀

图 4-17　各种数控铣刀的形状

第二，高速钢立铣刀多用于加工凸台和凹槽，最好不要用于加工毛坯面，因为毛坯面有硬化层和夹砂现象，会加速刀具的磨损。

第三，加工余量较小，并且要求表面粗糙度较低时，应采用立方氮化硼（CBN）刀片端铣刀或陶瓷刀片端铣刀。

第四，镶硬质合金立铣刀可用于加上凹槽、窗口面、凸台面和毛坯表面。镶硬质合金的立铣刀可以进行强力切削，铣削毛坯表面和用于孔的粗加工。

第五，加工精度要求较高的凹槽时，可采用直径比槽宽小一些的立铣刀，先铣铁槽的中间部分，然后利用刀具的半径补偿功能铣削槽的两边，直到达到精度要求为止。

第六，在数控铣床上钻孔一般不采用钻模，钻孔深度为直径的 5 倍左右的深孔加工容易折断钻头，可采用固定循环程序，多次自动进退，以利于冷却和排屑。钻孔之前最好用中心钻钻一个中心孔或采用一个刚性好的短钻头锪窝引正。锪窝除了可以解决毛坯表面钻孔引正问题，还可以代替孔口倒角。

第七，曲面加工常采用球头铣刀，但加工曲面较平坦部位以球头顶端刃切削时，切削条件较差，因而应采用环形刀。

第八，在单件或小批量生产中，为取代多坐标联动机床，常采用鼓形刀或锥形刀来加工飞机上一些变斜角零件，加镶齿盘铣刀适用于在五轴联动的数控机床上加工一些球面，其效率比用球头铣刀高近 10 倍，并可获得好的加工精度。

第九，加工空间曲面、模具型腔或凸模成形表面等多选用模具铣刀；加工封闭的键槽选择键槽铣刀。

第四节　数控机床的对刀

一、数控加工中与对刀有关的概念

（一）刀位点

刀位点一般是刀具上的一点，代表刀具的基准点，也是对刀时的注视点。尖形车刀刀位点为假想刀尖点，刀尖带圆弧时刀位点为圆弧中心；钻头刀位点为钻尖；平底立铣刀刀位点为端面中心；球头铣刀刀位点为球心。数控系统控制刀具的运动轨迹，准确说是控制刀位点的运动轨迹。手工编程时，程序中所给出的各点（节点）坐标值就是指刀位点的坐标值；自动编程时程序输出的坐标值就是刀位点在每一有序位置的坐标数据，刀具轨迹就是由一系列有序的刀位点的位置点和连接这些位置点的直线（直线插补）或圆弧（圆弧插补）组成的。

（二）起刀点

起刀点是刀具相对零件运动的起点，即零件加工程序开始时刀位点的起始位置，而且往往还是程序运行的终点。有时也指一段循环程序的起点。

（三）对刀点与对刀

对刀点是用来确定刀具与工件的相对位置关系的点，是确定工件坐标系与机床坐标系的关系的点。对刀就是将刀具的刀位点置于对刀点上，以便建立工件坐标系。

以数控车床对刀为例，当采用"G92 $X\alpha$ $Z\beta$"指令建立工件坐标系时，对刀点就是程序开始时，刀位点在工件坐标系内的起点（此时对刀点与起刀点重合），其对刀过程就是在程序开始前，将刀位点置于 G92 $X\alpha$ $Z\beta$ 指令要求的工件坐标系内的 $X\alpha$ $Z\beta$ 坐标位置上，也就是说，工件坐标系原点是根据起刀点的位置来确定的，由刀具的当前位置来决定；当采用 G54 ～ G59 指令建立工件坐标系时，对刀点就是工件坐标系原点，其对刀过程就是确定出刀位点与工件坐标系原点重合时机床坐标系的坐标值，并将此值输入 CNC 系统的零点偏置寄存器对应位置中，从而确定工件坐标系在机床坐标系内的位置。以此方式建立工件坐标系与刀具的当前位置无关，若采用绝对坐标编程，程序开始运行时，刀具的起始位置不一定非得在某一固定位置，工件坐标系原点并不是根据起刀点来确定的，此时对刀点与起刀点可不重合，因此，对刀点与起刀点是两个不同的概念，尽管在编程中它们常常选在同一点，但有时对刀点是不能作为起刀点的。

（四）对刀基准（点）

对刀时为确定对刀点的位置所依据的基准，该基准可以是点、线或面，它可设在工件上（如定位基准或测量基准）或夹具上（如夹具定位元件的起始基准）或机床上。如图 4-18（图中单位为 mm）所示为工件坐标系原点 O、刀位点、起刀点、对刀点和对刀基准点之间的关系与区别。该件采用 G92 $X100$ $Z150$（直径编程）建立工件坐标系，通过试切工件右端面、外圆确定对刀点位置。试切时一方面保证 OO_1 间 Z 向距离为 100mm，同时测量外圆直径；另一方面根据测出的外圆直径，以 O_1 为基准将刀尖沿 Z 正方向移 50mm，X 正方向半径移 50mm，使刀位点与对刀点重合并位于起刀点上。所以，O_1 为对刀基准点；O 为工件坐标系原点；A 为对刀点，也是起刀点和此时的刀位点。工件采用夹具定位装夹时一般以定位元件的起始基准为基准对刀，因此定位元件的起始基准为对刀基准。也可以将工件坐标系原点（如采用 G54 ～ G59 指令时）直接设为对刀基准（点）。

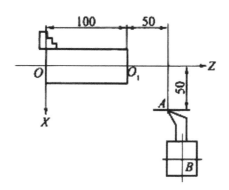

图 4-18 有关对刀各点的关系

二、对刀的基本原则

在数控加工中，刀具刀位点的运动轨迹自始至终需要精确控制，并且是在机床坐标系下进行的，但编程尺寸却按人为定义的工件坐标系确定。如何确定工件坐标系与机床坐标系之间的位置关系，须通过对刀来完成，也就是确定刀具刀位点在工件坐标系中的起始位置，这个位置义称为对刀点，它是数控加工时刀具相对运动的起点，也是程序的起点。编制程序时，要正确选择对刀点，对刀点的选择一般要求符合如下原则：①应使编制程序的运算最为简单，避免出现尺寸链计算误差；②对刀点应选在容易找正，加工中便于检查的位置上；③尽量使对刀点与工件的尺寸基准重合；④引起的加工误差最小。

对于①②，如在相对坐标下编程，对刀点应选在零件中心孔上或垂直平面的交线上。在绝对坐标下，应选在机床坐标系的原点或距原点为确定值的点上。对于③④，对刀点应选在零件的设计基准或工艺基准上，如以孔定位的零件，选用孔的中心作为对刀点。

三、对刀方法

对刀的基本方法有手动对刀、机外对刀仪对刀、ATC 对刀和自动对刀等。

（一）手动对刀

根据所用的位置检测分为相对式和绝对式两种。

相对式对刀可采用三种方法：①用钢板尺直接测量，这种方法简便但不精确；②手动移动刀具，直到刀尖与定位块的工作面对齐为止，并将坐标显示值清零，再回到起始位，读取坐标值，这种方法对刀的准确度取决于刀尖与定位块工作面对齐的精确度；③测量出工件尺寸，再间接计算出对刀尺寸，这种方法已包括让刀修正，所以最为准确。

在绝对式手动对刀中，先定义基准刀，再用直接或间接的方法测量出被测刀具刀尖与基准刀尖的距离，即为该刀具的刀补量。总之，手动对刀通过试切工件来实现，采用"试切—测量—调整（补偿）"的对刀模式，占用机床时间较多，但方法简单、成本低，适合经济型数控机床。

（二）机外对刀仪对刀

把刀预先在机床外面校对好，使之装上机床就能使用，可节省对刀时间。机外对刀须用机外对刀仪。如图 4-19 所示为一种比较典型的车床用机外对刀仪，它由轨道、刻度尺、光源、投影放大镜、微型读数器、刀具台安装座和底座等组成。这种对刀仪可通用于各种数控车床。

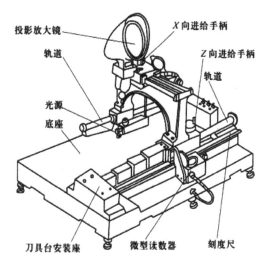

图 4-19　一种车床用机外对刀仪

机外对刀的本质是测量出刀具假想刀尖点到刀台上某一基准点（相当于基准刀的刀位点）之间 X 及 Z 方向的距离，这也称为刀具 X 及 Z 向的长度，即刀具的长度补偿值。

机外对刀时必须连刀夹一起校对，所以刀具必须通过刀夹再安装在刀架上。某把刀具固紧在某刀夹上，之后一起不管安装到哪个刀位上，对刀得到的刀具长度应该是一样的。针对某台具体的数控车床（主要是具体的刀架及其相应的刀夹）还应制作相应的对刀刀具台，并将其安装在刀具台安装座上。这个对刀刀具台与刀夹的连接结构和尺寸应该同机床刀台每个刀位的结构和尺寸完全相同，甚至制造精度也要求与机床刀台该部位一样。

机外对刀的顺序是：将刀具随同刀夹一起紧固在对刀刀具台上，摇动 X 向和 Z 向进给手柄，使移动部件载着投影放大镜沿着两个方向移动，直到假想刀尖点与放大镜中的十字线交点重合为止。对称刀（如螺纹刀）的假想刀尖点在刀尖实体上，它在放大镜中的正确投影如图 4-20（b）所示。不少假想刀尖点不在刀具（尖）实体上，所以，所谓它与十字线交点重合，实际是刀尖圆弧与从十字线交点出发的某两条放射线相切，如端面外径刀尖和端面内径刀在放大镜中的正确投影［如图 4-20（a）和图 4-20（c）所示］。此时，通过 X 向和 Z 向的微型读数器分别读出的 X 向和 Z 向刻度值，就是这把刀的对刀长度。如果这把刀具马上投入使用，那么将它连同刀夹一起移装到机床某刀位上之后，把对刀长度输到相应的刀补号或程序中即可。

(a) 端面外径刀尖　　　(b) 对称刀尖　　　(c) 端面内径刀尖

图 4-20　刀尖在放大镜中的对刀投影

使用机外对刀仪对刀的最大优点是对刀过程不占用机床的时间，从而可提高数控车床的利用率；缺点是刀具必须连同刀夹一起进行。如果采用机外对刀仪对刀，那么刀具和刀夹都应准备双份：一份在机床上用，另一份在下面对刀。采用对刀仪对刀，成本高，结构复杂，换刀难，但占用机床的时间少，精度高。

（三）ATC 对刀

如上所述，在机外对刀场合，用投影放大镜（对刀镜）能较精确地校订刀具的位置，但装卸带着刀夹的刀具比较费力，因此又有 ATC 对刀。它是在机床上利用对刀显微镜自动计算出车刀长度的一种对刀方法。用手动方式将刀尖移到对刀镜的视野内，再用手动脉冲发生器微移刀架使假想刀尖点如图 4-20 所示的那样与对刀镜内的中心点重合，数控系统便能自动算出刀位点相对机床原点的距离，并存入相应的刀补号区域。该对刀方法装卸对刀镜以及对刀过程还是用手动操作和目视，故会产生一定的对刀误差。

（四）自动对刀

使用对刀镜做机外对刀或机内对刀，由于整个过程基本上还是手工操作，所以仍没有跳出手工对刀的范畴。自动对刀是利用 CNC 装置通过刀尖检测系统实现的，刀尖以设定的速度向接触式传感器接近，当刀尖与传感器接触并发出信号，数控系统立即记下该瞬间的坐标值，并自动修正刀具补偿值，可实现不停顿加工，对刀效率高、误差小，适合高档机床。

第五章　数控机床的主传动系统设计

第一节　主传动系统的设计要求及系统参数

一、主传动系统的设计要求

数控机床的主传动系统除应满足普通机床主传动要求外，还提出如下要求：

（一）具有更大的调速范围，并实现无级调速

为了保证加工时能选用合理的切削用量，充分发挥刀具的切削性能，从而获得最高的生产率、加工精度和表面质量，数控机床必须具有更高的转速和更大的调速范围。对于自动换刀的数控机床，工序集中，工件一次装夹，可完成许多工序，所以，为了适应各种工序和各种加工材质的要求，主传动的调速范围还应进一步扩大。

（二）具有较高的精度和刚度，传动平稳，噪声低

数控机床加工精度的提高，与主传动系统的刚度密切相关。为此，应提高传动件的制造精度与刚度，齿轮齿面进行高频感应加热淬火增加耐磨性；最后一级采用斜齿轮传动，使传动平稳；采用高精度轴承及合理的支承跨距等，以提高主轴组件的刚性。

（三）良好的抗振性和热稳定性

数控机床上一般既可以进行粗加工，又可以进行精加工；在数控机床上加工时可能由于断续切削、加工余量不均匀、运动部件不平衡以及切削过程中的自激振动等引起的冲击力或交变力的干扰，使主轴产生振动，影响加工精度和表面粗糙度，严重时甚至破坏刀具或零件，使加工无法进行。因此，在主传动系统中的各主要零部件不但要具有一定的静刚度，而且要求具有足够的抑制各种干扰力引起振动的能力——抗振性。抗振性通常用动刚度或动柔度来衡量。例如主轴组件的动刚度取决于主轴的当量静刚度、阻尼比及固有频率

等参数。如果把主轴组件视为一个等效的单自由度系统，则动刚度 K_d 与动力参数的关系为：

$$K_d = K\sqrt{\left[1-\left(\frac{\omega}{\omega_n}\right)^2\right]^2+\left(2\xi\frac{\omega}{\omega_n}\right)^2}$$

式中： K ——机床主轴结构系统的静刚度（N/μm）；

ω ——外加激振力的激振频率（Hz）；

ω_n ——主轴组件的固有频率（ $\omega_n=\sqrt{\dfrac{K}{m}}$ ， m 为当量质量， K 为当量静刚度）；

ξ ——阻尼比（ $\xi=\dfrac{\gamma}{\gamma_C}$ ， γ 是阻尼系数， γ_C 是临界阻尼系数， $\gamma_C=2m\omega_n$ ）。

由上式可见，为提高主轴组件的抗振性，须使 K_d 值较大，为此应尽量使阻尼比、当量静刚度或固有频率的值较高。在设计数控机床的主传动系统时，要注意选择上述几个参数之间的合理关系。

机床在切削加工中，主传动系统的发热可能使其中所有零部件产生热变形，从而破坏零部件之间的相对位置精度和运动精度，造成零件的加工误差，同时热变形限制了切削用量的提高，降低了传动效率，影响生产率。为此，要求主轴部件具有较高的热稳定性，可以通过保持零部件之间合适的配合间隙，采用循环润滑保持热平衡等措施来实现。

二、主传动变速系统的参数

机床主传动变速系统的参数有动力参数和运动参数。动力参数是指主运动驱动电动机的功率，运动参数是指主运动的变速范围。

（一）主传动功率

机床主传动功率 P 可根据切削功率 P_C 与主运动传动链的总效率 η 由下式来确定：

$$P = P_C / \eta$$

（5-1）

数控机床的加工范围一般都比较大，切削功率 P_C 可根据有代表性的加工情况，由其主切削抗力 F_z 按下式来确定：

$$P_C = \frac{F_z v}{60\,000} = \frac{M \cdot n}{655\,000}$$

（5-2）

式中：F_z——主切削力的切向分力（N）；

v——切削速度（m/min）；

M——切削扭矩（N·cm）；

n——主轴转速（r/min）。

主传动的总效率一般可取 $\eta = 0.70 \sim 0.85$，数控机床的主传动多用调速电动机和有限的机械变速传动来实现，传动链较短，因此，效率可取较大值。

主传动中各传动件的尺寸都是根据其传动功率确定的。如果传动功率定得过大，将使传动件的尺寸粗大而造成浪费，电动机常在低负荷下工作，功率因数很小而浪费能源；如果功率定得小，将限制机床的切削加工能力而降低生产率。因此，要较准确合适地选用传动功率。由于加工情况多变，切削用量变化范围较大，加之对传动系统因摩擦等因素消耗的功率也难以掌握，因此，单纯用理论计算的方法来确定功率尚有困难，通常要用类比、测试和理论计算等几种方法相互比较来确定。

（二）运动的调速范围

主运动为旋转运动的机床，主轴转速 v 由切削速度 v（m/min）和工件或刀具的直径 d（mm）来确定：

$$n = \frac{1000v}{\pi d}$$

（5-3）

对于数控机床，为了适应切削速度和工件或刀具直径的变化，主轴的最低和最高转速可根据下式确定：

$$n_{\min} = \frac{1000v_{\min}}{\pi d_{\max}}, n_{\max} = \frac{100v_{\max}}{\pi d_{\min}}$$

（5-4）

最高转速与最低转速之比称为调速范围 R_n：

$$R_n = \frac{n_{\max}}{n_{\min}} = \frac{v_{\max}}{v_{\min}} \cdot \frac{d_{\max}}{d_{\min}}$$

（5-5）

数控机床与普通机床相同，它的加工范围较广，因此，切削速度和刀具或工件直径的变化也很大。可以根据机床的几种典型加工和经常遇到的加工情况来决定 $v_{\max}$、$v_{\min}$、$d_{\max}$、$d_{\min}$。总之，无法将一切可能的加工情况都考虑在内，一般用理论计算与调查类比相结合的办法来确定。

第二节　主传动变速系统的设计

一、交、直流无级调速电动机的功率扭矩特性

数控机床常用变速电动机拖动运动系统。常用的电动机有直流电动机和交流调频电动机两种。目前，中小型数控机床中，交流调频电动机已占优势，有取代直流电动机之势。设计时，必须注意机床主轴与电动机在功率特性方面的匹配。

如图 5-1 所示为机床主轴要求的功率特性和转矩特性。这两条特性曲线是以计算转速 n_i 为分界，从 n_j 至最高转速的区域 I 为恒功率区，在该区域内，任意转速下主轴都可输出额定的功率，最大转矩则随主轴转速的下降而上升。从最低转速 n_{min} 至 n_j 的区域 II 为恒转矩区，在该区域内，最大转矩不再随转速下降而上升，任何转速下可能提供的转矩都不能超过计算转速下的转矩，这个转矩就是机床主轴的最大转矩 M_{max}。在 II 区域内，主轴可能输出的最大功率 P_{max}，则随主轴转速的下降而下降。通常，恒功率区占整个主轴变速范围的 2/3 ~ 3/4；恒转矩区占 1/4 ~ 1/3。

如图 5-2 所示为变速电动机的功率特性。从额定转速 n_d 到最高转速 n_{max} 的区域 I 为恒功率区；从最低转速 n_{min} 至 n_d 的区域 II 为恒转矩区。直流电动机的额定转速常为 1000 ~ 1500r/min。从 n_d 至 n_{max} 用调节磁通 Φ 的办法得到，称为调磁调速；从 n_{min} 至 n_d 用调节电枢电压的办法得到，称为调压调速。交流调频电动机用调节电源频率来达到调速的目的。额定转速常为 1500r/min。这两种电动机的恒功率转速范围常为 2 ~ 4；恒转矩变速范围则可达 100 以上。

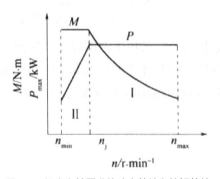

图 5-1　机床主轴要求的功率特性和转矩特性

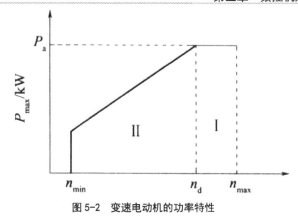

图 5-2 变速电动机的功率特性

很明显，变速电动机的功率特性与机床主轴的要求不匹配：变速电动机的恒功率范围小而主轴要求的范围大。因此，单凭总变速范围（最高、最低转速之比）设计主传动系统是不能满足加工要求的，必须考虑性能匹配问题。例如有一数控车床，主轴最高转速 $n_{max} = 4000\text{r}/\min$，最低转速 $n_{min} = 40\text{r}/\min$，计算转速 $n_j = 160\text{r}/\min$。则该机床变速范围 $R_n = n_{max}/n_{min} = 100$，恒功率变速范围 $R_{nP} = n_{max}/n_j = 25$。如果采用交流调频电动机，其额定转速 $n_d = 1500\text{r}/\min$，最高转速 $n_{max} = 4500\text{r}/\min$，恒功率调速范围 $R_{nP} = n_{max}/n_d = 4500/1500 = 3$，显然远小于主轴要求的 $R_{nP} = 25$。因此，虽然交流调频电动机的最低转速可以低于 45r/min，总的调速范围可以超过主轴要求的 $R_n = 100$，但由于恒功率调速范围不够，性能不匹配，是不能简单地使用电动机直接拖动主轴的，可以通过在电动机与主轴之间串联一个分级变速箱来实现。

二、数控机床分级变速箱的设计

（一）数控机床主轴转速自动变换过程

在数控机床上，特别是在自动换刀的数控机床上应根据刀具与工艺要求进行主轴转速的自动变换。在零件加工程序中用 S 二位代码指定主轴转速的序号，或用 S 四位代码指定主轴转速的每分钟转数，并且用 M 二位代码指定主轴的正、反向启动和停止。

在采用直流或交流调速电动机的主运动无级变速系统中，主轴的正、反启动与停止制动是由直接控制电动机来实现的，主轴转速的变换则由电动机转速的变换与齿轮有级变速机构的变换相配合来实现。理论上说，电动机的转速可以无级变速，但是，主轴转速的 S 二位代码最多只有 99 种，即使是使用 S 四位代码直接指定主轴转速，也只能按一转递增，而且分级越多指令信号的个数越多，更难于实现。因此，实际上还是将主轴转速按等比数列分成若干级（一般最多不超过 99 种），根据主轴转速的 S 代码发出相应的有级级数与电动机的调速信号来实现主轴的主动换速。电动机的调压或调磁变速，由电动机的驱动电路根据转速指令电压信号来变换。齿轮有级变速则采用液压或电磁离合器实现。

（二）分级变速箱的设计

数控机床的分级变速箱位于调速电动机与主轴之间，因此，设计时除遵循一般有级变速箱设计原则外，还须处理好变速箱的公比问题。在设计数控机床分级变速箱时，公比的选取有以下三种情况：

I.取变速箱的公比

取变速箱的公比 φ 等于电动机的恒功率调速范围 R_{dP} ， $\varphi = R_{dP}$ ，则机床主轴的恒功率变速范围为：

$$R_{nP} = \varphi^{Z-1} R_{dP} = \varphi^{Z}$$

（5-6）

变速箱的变速级数：

$$Z = \lg R_{nP} / \lg \varphi$$

（5-7）

如果电动机转速继续下降，则将进入恒转矩区，最大输出功率也将随之下降。表现在如图5-3（b）所示的功率特性图上，主轴转速为4000～1330r/min时，为 ab 段，是恒功率。当电动机转速低于额定转速时，最大输出功率将沿 bc 虚线下降。

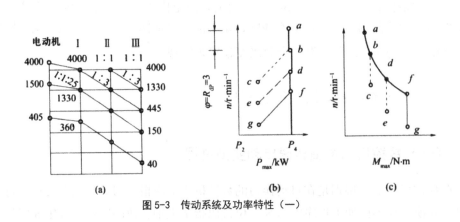

图5-3 传动系统及功率特性（一）

当主轴转速降至1330r/min时，变速箱变速，经（1/1）×（1/3）=1/3传动主轴。这时电动机转速自动地回到最高转速。当电动机又从4500r/min降至1500r/min时，主轴从1330r/min降至445r/min，仍为恒功率，在功率特性图上为基础段。

当主轴转速降至445r/min时，变速箱变速，经（1/3）×（1/3）=1/9传动主轴。电动机又回到最高转速。主轴从445r/min降至150r/min，在功率特性图上为 df 段。

主轴150r/min已低于原要求的计算转速，以下进入恒转矩段，靠电动机继续降速得到。当电动机转速降至405r/min，主轴转速降至405×（1/1.125）×（1/9）=40r/min，即为主轴的最低转速，这时电动机的最大输出功率为：

$$P_2 = (405/1500)P_\mathrm{d} = 0.27P_\mathrm{d}$$

即为额定功率 P_d 的 27%。

在如图 5-3（b）所示中，$abdf$ 应为一条直线。为了清楚起见，把它画成三段，并略错开。可以看出，主轴恒功率变速范围 af 是由三段拼起来的，每段的变速范围等于电动机的恒功率调速范围 $P_\mathrm{nd} = 3$，所以，变速箱的公比为 f。电动机的功率根据主轴的需要选择，主轴计算转速为 f 点的转速（150r/min）。

如图 5-3（c）所示为转矩特性。从 a 至 f，转矩随转速下降而上升，至 f 点为主轴输出的最大转矩 M_max，f 至 g 为恒转矩区，a 至 f 也是由三段拼成的。

2. 简化变速箱的结构

如果为了简化变速箱的结构，希望变速级数少一些，则不得不取较大的公比。如上例若取 $Z=2$，则根据式（5-6）可知：

$$\lg \varphi = \frac{\lg R_\mathrm{nP}}{Z} = \frac{\lg 25}{2} = 0.699 \tag{5-9}$$

故公比 $\varphi = 5$，这时的转速图及功率特性如图 5-4 所示。

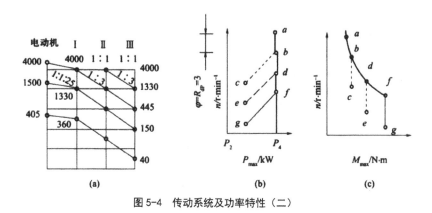

图 5-4　传动系统及功率特性（二）

电动机经定比传动副传动变速箱的轴 Ⅰ。高速时，经 Ⅰ 至 Ⅱ 轴间的 1.25：1 升速，传至主轴 Ⅱ。当主轴转速从 4000r/min 降至 1330r/min 时，电动机转速从 4500r/min 降至 1500r/min 为恒功率。表现在如图 5-4（b）所示的功率特性图上为 ab 段。由于公比 $\varphi = 5$，$\varphi > R_\mathrm{dP}\left(R_\mathrm{dP} = 3\right)$，主轴转速从 1330r/min 继续下降时，仍由电动机变速。但这时已进入恒转矩区，一直降至 4000/5=800r/min 时，变速箱变速，这一段在功率特性图上

为 bc 段。最大输出功率逐步下降至 800r/min（ c 点），变速箱变速，经 1 ∶ 4 传动主轴，800 ～ 270r/min 为 de 段（恒功率），270 ～ 160r/min（160r/min 为计算转速 n_j）为 ef 段，以后再继续下降至 g。可以看出，主轴从 $n_j = 160\mathrm{r/min}$ 至 P_d，最大输出功率是变化的。在 160 ～ 270r/min、800 ～ 1330r/min 两段内将出现功率不足。因此，应该按 P_d 选择电动机：

$$P_d = \frac{1330}{800}P_1 = 1.7P_1$$

即这时所选电动机的额定功率 P_d 应比主轴所需的功率 P_1 大 70%。这就是不少机床出现"大马拉小车"现象的原因。

bcd 习惯上称为"缺口"，所选的变速箱公比 φ 比电动机的恒功率变速范围 R_{dP} 越大，缺口也越大。虽然变速箱公比 φ 大，可以简化机构（变速级数少），但电动机的额定功率也越大。这就是说，简化变速箱是以选择较大功率的电动机作为代价的。

在进行变速箱的动力计算时，功率可仍按主轴要求的功率 P_1 计算，计算转速为 f 点的转速（160r/min）。也可按 P_d 计算，计算转速为 e 点（270r/min）。转矩特性如图 5-4（c）所示。a 至 b、d 至 e 段中，转矩随转速的下降而上升；b 至 e、e 至 g 段中，转矩维持不变。

3. 数控车床在切削阶梯轴、成形螺旋面或端面时，有时需要进行恒线速切削

随着工件直径的变化，主轴转速也要随之自动变化。这时，不能用变速箱变速，因为用变速箱变速时必须停车，这在连续切削时是不允许的，必须用电动机变速。假设主轴要求的转速为 800 ～ 1600r/min，如果采用图 5-3 所示的传动系统，假设变速箱的传动比为 1 ∶ 3，则最高转速为 1330r/min，达不到 1600r/min 的要求；若变速箱的传动比为 1 ∶ 1，则从 1330 ～ 800r/min 将进入电动机的恒转矩区，又可能出现功率不足的问题。

（三）主电动机恒功率调速范围 R_{dP} 及额定功率 P_d 的选定

由上述调速主轴电动机及机床主轴的功率扭矩特性可知，无级调速电动机的恒扭矩调速范围满足机床所需的恒扭矩变速范围，但其恒功率调速范围却不能满足机床所需的恒功率变速范围的要求，因此，必须在无级调速电动机后串联一齿轮变速组。齿轮变速组的变速级数 Z 和公比 φ 可由下式计算：

$$R_Z = R_{nP} / R_{dP} = \varphi^{(Z-1)} \tag{5-8}$$

即 $Z = \left(\lg R_{nP} - \lg R_{dP}\right) / \lg \varphi + 1$ 或 $\varphi = \left(R_{nP} / R_{dP}\right)^{1/(Z-1)}$。

式中：R_Z——齿轮变速组的变速范围。

由于齿轮变速组的变速级数 Z 通常为 2 ~ 4，当 R_{nP} 和 R_{dP} 为已知值时，将 Z =2、3、4 等值代入式（5-8），可求得对应于不同 Z 的 φ 值。如果其公比 $\varphi = R_{dP}$ 或 $\varphi < R_{dP}$，则自计算转速 n_j 至最高转速 n_{max} 范围内部为恒功率变速。如果 $\varphi > R_{dP}$，则变速段每一挡内有部分低转速不能恒功率变速。

（四）数控机床有级变速自动变换方法

有级变速的自动变换方法一般有液压变速和电磁离合器变速两种。

I. 液压变速

液压变速机构是通过液压缸、活塞杆带动拨叉推动滑移齿轮移动来实现变速。双联滑移齿轮用一个液压缸，而三联滑移齿轮必须使用两个液压缸（差动油缸）实现三位移动。如图 5-5 所示为三位液压拨叉工作原理图。通过改变不同的通油方式可以使三联齿轮获得三个不同的变速位置。这套机构除了液压缸和活塞杆之外，还增加了套筒 4。当液压缸 1 通压力油而液压缸 5 排油卸压时［如图 5-5（a）所示］，活塞杆 2 带动拨叉 3 使三齿轮移到左端。当液压缸 5 通压力油而液压缸 1 排油卸压时［如图 5-5（b）所示］，活塞杆 2 和套筒 4 一起向右移动，在套筒 4 碰到液压缸 5 的端部之后，活塞杆 2 继续右移到极限位置，此时三联齿轮被拨叉 3 移到右端。当压力油同时进入左右两缸时，由于活塞杆 2 的两端直径不同，使活塞杆向左移动。在设计活塞杆 2 和套筒 4 的截面面积时，应使油压作用在套筒 4 的圆环上向右的推力大于活塞杆 2 向左的推力，因而套筒 4 仍然压在液压缸 5 的右端，使活塞杆 2 紧靠在套筒 4 的右端，此时，拨叉和三联齿轮被限制在中间位置。

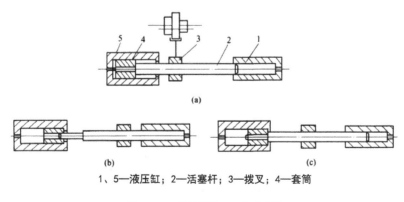

1、5—液压缸；2—活塞杆；3—拨叉；4—套筒

图 5-5　三位液压拨叉工作原理图

液压拨叉变速必须在主轴停车后才能进行，但停车时拨动滑移齿轮啮合又可能出现"顶齿"现象。为避免"顶齿"，机床上一般设置"点动"按钮或增设一台微电动机，使

主电动机瞬时冲动接通或经微电动机在拨叉移动滑移齿轮的同时带动各种传动齿轮做低速回转，这样，滑移齿轮便能顺利进入啮合。液压拨叉变速是一种有效的方法，工作平稳，易实现自动化。但它增加了数控机床液压系统的复杂性，而且必须将数控装置送来的电信号先转换成电磁阀的机械动作，然后再将压力油分配到相应的液压缸，因而增加了变速的中间环节，带来了更多的不可靠因素。

如图 5-6 所示为某分级变速箱液压变速机构。滑移齿轮的拨叉与变速油缸的活塞杆相连接，三个油缸都是差动油缸，用 Y 形三位四通电磁阀来控制油缸的通油。当液压缸左腔进油右腔回油、右腔进油左腔回油，或左右两腔同时进油，可使滑移齿轮块获得右、左、中三个位置，这样就可以获得所需要的齿轮啮合状态。在自动选速时，为了使齿轮顺利啮合而不发生"顶齿"现象，应使传动链在低速下运行。为此，对于采用无级调速电动机的系统，可以直接接通电动机的某一低转速驱动传动链运转。对于纯有级变速的恒速交流电动机驱动场合，则须设置如图 5-6 所示的慢速驱动电动机 D_2，在变速时启动 D_2 驱动传动链慢速运转。自动变速的过程是：启动传动链慢速运转→根据 S 指令接通相应的电磁滑阀和主电动机 D_1 的调速信号→齿轮块移动和主轴电动机的相应转速接通→相应的行程开关被压下发出变速完成信号→断开传动链慢速转动→选速完成。

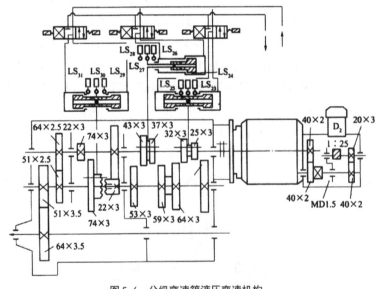

图 5-6　分级变速箱液压变速机构

2.电磁离合器变速

电磁离合器是应用电磁效应进行接通或切断运动的元件，由于它便于实现自动操作，并有现成的系列产品可供选用，因而它已成为自动装置中常用的操作元件。电磁离合器用于数控机床的主传动时，能简化变速机构，操作方便，通过若干个安装在各传动轴上的离合器的吸合和分离的不同组合来改变齿轮的传动路线，实现主轴的变速。

电磁离合器有摩擦片式和牙嵌式，后者传递的转矩较大，尺寸也较紧凑，同样有防止

"顶齿"的措施。

如图 5-7 所示为 THK6380 型自动换刀数控镗铣床主传动系统图，该机床采用双速电动机和六个摩擦式离合器来完成 18 级变速。

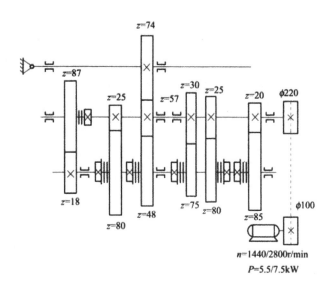

图 5-7　THK6380 型自动换刀数控镗铣床主传动系统

第三节　主轴组件设计

一、对主轴组件的性能要求

主轴组件是机床的主要部件之一，它的性能对整机性能有很大的影响。主轴组件直接承受切削力，且转速范围很大，因此，主轴组件的主要性能应满足如下要求：

（一）回转精度

主轴组件的回转精度是指主轴的回转精度。当主轴做回转运动时，线速度为零的点的连线称为主轴的回转中心线，回转中心线的空间位置，在理想的情况下应是固定不变的。实际上，由于主轴组件中各种因素的影响，回转中心线的空间位置每一瞬间都是变的，这些瞬时回转中心线的平均空间位置称为理想回转中心线。瞬时回转中心线相对于理想回转中心线在空间的位置距离，就是主轴的回转误差，而回转误差的范围，就是主轴的回转精度。纯径向误差、角度误差和轴向误差很少单独存在。当径向误差和角度误差同时存在时，构成径向跳动，而轴向误差和角度误差同时存在构成端面跳动。由于主轴的回转误差一般都是对一个空间旋转矢量，它并不是在所有的情况下都表示为被加工工件所得到的加工形状。

主轴回转精度的测量，一般分为三种：静态测量、动态测量和间接测量。目前我国在生产中沿用传统的静态测量法，用一个精密的检测棒插入主轴锥孔中，使千分表触头触及检测棒圆柱表面，以低速转动主轴进行测量。千分表最大和最小读数的差即认为是主轴的径向回转误差。端面误差一般以包括主轴所在平面内的直角坐标系的垂直度数据综合表示。动态测量是用一标准球装在主轴中心线上，与主轴同时旋转；在工作台上安装两个互成 90° 角的非接触传感器，通过仪器记录回转情况。间接测量是用小的切削量加工有色金属试件，然后在圆度仪上测量试件的圆度来评价。出厂时，普通级加工中心的回转精度用静态测量法测量，当 L=300mm 时允许回转精度小于 0.02mm。造成主轴回转误差的原因主要是主轴的结构及其加工精度、主轴轴承的选用及刚度等，而主轴及其回转零件的不平衡，在回转时引起的激振力，也可能造成主轴的回转误差。因此，加工中心的主轴不平衡量一般要控制在 0.4mm/s 以下。

（二）刚度

主轴组件的刚度是指受外力作用时，主轴组件抵抗变形的能力。通常以主轴前端产生单位位移时，在位移方向上所施加的作用力大小来表示，如图 5-8 所示。在主轴前端部施加一作用力 F，若主轴端的位移量为 Y，则主轴部件的刚度值 K 为 $K = F / Y(\text{N} / \mu\text{m})$。

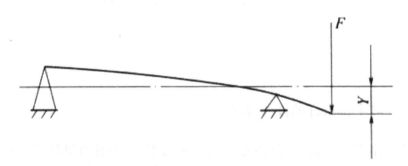

图 5-8　主轴刚度受力

主轴组件的刚度越大，主轴受力的变形越小。主轴组件的刚度不足，在切削力及其他力的作用下，主轴将产生较大的弹性变形，不仅影响工件的加工质量，还会破坏齿轮、轴承的正常工作条件，使其加快磨损，降低精度。主轴部件的刚度与主轴结构尺寸、支承跨距、所选用的轴承类型及配置形式、轴承间隙的调整、主轴上传动元件的位置等有关。

（三）抗振性

主轴组件的抗振性是指切削加工时，主轴保持平稳运转而不发生振动的能力。主轴组件抗振性差，工作时容易产生振动，不仅会降低加工质量，而且限制了机床生产率的提高，使刀具耐用度下降。提高主轴抗振性必须提高主轴组件的静刚度，采用较大阻尼比的前轴承，以及在必要时安装阻尼（消振）器。另外，使主轴的固有频率远远大于激振力的频率。

（四）温升

主轴组件在运转中，温升过高会引起两方面的不良结果：一是主轴组件和箱体因热膨胀而变形，主轴的回转中心线和机床其他件的相对位置会发生变化，直接影响加工精度；二是轴承等元件会因温度过高而改变已调好的间隙和破坏正常润滑条件，影响轴承的正常工作，严重时甚至会发生"抱轴"。数控机床在解决温升时，一般采用恒温主轴箱。

（五）耐磨性

主轴组件必须有足够的耐磨性，以便能长期地保持精度。主轴上易磨损的地方是刀具或工件的安装部位以及移动式主轴的工作部位。为了提高耐磨性，主轴的上述部位应该淬硬或者经过氮化处理，以提高其硬度，增加耐磨性。主轴轴承也应有良好的润滑，提高其耐磨性。

以上这些要求，有些方面互相矛盾，例如高刚度与高速、高速与低温升、高速与高精度等。这就要具体问题具体分析，例如设计高效数控机床的主轴组件时，主轴应满足高速和高刚度的要求；设计高精度数控机床时，主轴应满足高刚度、低温升的要求。

二、主轴组件的类型

主轴组件按运动方式可分为五类：

（一）只做旋转运动的主轴组件

这类主轴组件结构较为简单，如车床、铣床和磨床等主轴组件属于这一类。

（二）既有旋转运动又有轴向进给运动的主轴组件

如钻床和镗床等的主轴组件属于这一类，其中主轴组件与轴承装在套筒内，主轴在套筒内做旋转主运动，套筒在主轴箱的导向孔内做直线进给运动。

（三）既有旋转运动又有轴向调整移动的主轴组件

属于这一类的有滚齿机、部分立式铣床等的主轴组件。主轴在套筒内做旋转运动，并可根据需要随主轴套筒一起做轴向调整移动。主轴组件工作时，用其中的夹紧装置将主轴套筒夹紧在主轴箱内，提高主轴部件的刚度。

（四）既有旋转运动又有径向进给运动的主轴组件

属于这一类的有卧式镗床的平旋盘主轴组件和组合机床的镗孔车端面主轴组件。主轴做旋转运动时，装在主轴前端平旋盘上的径向滑块可带动刀具做径向进给运动。

（五）主轴做旋转运动又做行星运动的主轴组件

新式内圆磨床砂轮主轴组件的工作原理如图 5-9 所示，砂轮主轴 1 在支承套 2 的偏心孔内做旋转主运动。支承套 2 安装在套筒 4 内。套筒 4 的轴线与工件被加工孔轴线重合，当套筒 4 由蜗杆 6 经蜗轮 W 传动，在箱体 3 中缓慢地旋转时，带动套筒及砂轮主轴做行星运动，即圆周进给运动。通过传动支承套 2 来调整主轴与套筒 4 的偏心距 e，可实现横向进给。

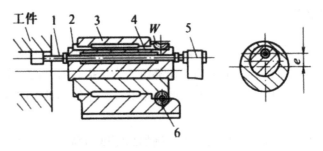

1—主轴；2—支承套；3—箱体；4—套筒；5—传动带；6—蜗杆

图 5-9　行星运动的主轴

三、数控机床主传动方式

数控机床的主传动系统一般采用交流或直流无级调速电动机，既简化了机械传动结构，又可以按照控制指令连续地进行变速。采用调速电动机的主传动变速系统，通常有以下四种配置方式：

（一）二级变速齿轮的主传动

如图 5-10（a）所示，主电动机的无级变速与齿轮有级变速相配合可以实现低速和高速两种转速系列。它是目前大中型数控机床中使用较多的一种主传动方式，一方面可以通过带轮与齿轮的降速进一步扩大输出转矩，获得强力切削时所需的转矩；另一方面可以通过调压或调磁的方法调节速度，实现恒转矩或恒功率的输出，扩大主轴的调速范围。

齿轮的变速换挡主要有电—液控制拨叉和电磁离合器两种方式。电—液控制拨叉是用电信号控制电磁换向阀，操纵液压缸带动拨叉推动滑移齿轮来实现变速。在换挡时，主轴以低速旋转，将数控装置送来的电信号转换成电磁阀的机械运动，通过液压缸、活塞杆带动拨叉推动滑移齿轮移动使离合器啮合来实现变速。电—液控制拨叉是一种有效的变速方式，工作平稳、易实现自动化，目前的加工中心大部分采用这种方式。

（二）带传动的主传动方式

电动机经带传动带动主轴转动，中间不经过齿轮的传动方式，如图 5-10（b）所示，这种变速方式一般适用于中小型数控机床，因为电动机本身的调速就能够满足要求，不用齿轮变速，不仅可以避免齿轮传动引起的振动与噪声，而且大大提高了主轴的运转精度。用于调速范围不需要太大、转矩也不需要太高的场合。

为了保证主轴的伺服功能，在数控机床上必须使用同步带。同步带兼有带传动、齿轮传动和链传动的优点，与一般的带传动相比，它不会打滑，且不需要很大的张紧力，减少或消除了轴的静态径向力；传动效率高达 98% ~ 99.5%，平均传动比准确，传动精度较高，有良好的减振性能，无噪声，无须润滑，传动平稳；带的强度高、厚度小、质量小，可用于线速度为 60 ~ 80m/s 的高速加工。但是在高速加工时，由于带轮必须设置轮缘，同时为了避免产生"啸叫"，在设计时要考虑轮齿槽的排气问题。

在数控机床上也有同时采用上述两种方式的混合传动，具有上述两种性能，如图 5-10（c）所示。高速时电动机通过带轮直接驱动主轴旋转；低速时，另一个电动机通过两级齿轮传动驱动主轴旋转，齿轮起到降速和扩大变速范围的作用，这样就使恒功率区增大，扩大了变速范围，克服了低速时转矩不够且电动机功率不能充分利用的缺陷。

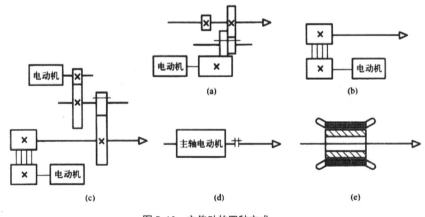

图 5-10　主传动的四种方式

（三）主轴电动机直接驱动

如图 5-10（d）所示，电动机轴与主轴用联轴器同轴连接，这种方式大大简化了主轴箱和主轴结构，有效地提高了主轴组件的刚度，但主轴输出扭矩小，电动机发热对主轴精度影响较大。近年来多采用交流伺服电动机，它的功率一般都很大，而且其输出功率与实际消耗的功率又保持同步，效率很高。

采用了交、直流调速电动机的主传动，能够获得在各种切削条件下的切削速度，并允许在切削过程中根据切削条件的变化进行速度的调整。虽然调速电动机的功率特性与机床主轴的要求相类似，但电动机调速的恒功率范围比较小，所以该方式主要适用于中小型数控机床。

（四）电主轴驱动

电主轴是一种内装主轴电动机，电动机转子和主轴连为一体，如图 5-10（e）所示，无需任何机械传动件，可以使主轴达到数万转甚至十几万转的高速度。目前主要用于中小型高速和超高速数控机床。

高速电主轴在结构上大都采用交流伺服电动机直接驱动的集成化结构，将无壳电动机的空心转子用过盈配合的形式直接套装在机床主轴上，由过盈配合产生的摩擦力来实现大转矩的传递。在主轴上取消了一切形式的键连接和螺纹连接，以达到精确的动平衡。带有冷却套的定子则安装在主轴单元的壳体中，形成内装式电动机主轴。这样，电动机的转子就是机床的主轴，机床主轴单元的壳体就是电动机座，具有转速高、结构紧凑、易于平衡、传动效率高等特点。

如图 5-11 所示为电主轴的结构，多采用交流高频电机。

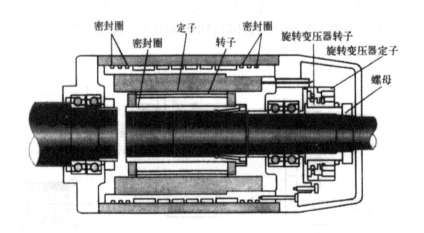

图 5-11 电主轴的结构

电动机内置的原因有以下几点：

I. 高速、超高速加工的要求

如果电动机不内置，仍采用电动机通过传动带或齿轮等方式传动，则在高速运转条件下，由此产生的振动和噪声等问题将很难解决，势必影响高速加工的精度、加工表面粗糙度，并产生环境问题。

2. 高生产率的要求

高速加工的最终目的是提高生产率，相应地要求在最短时间内实现高转速的速度变化，也即要求主轴回转时具有极大的角加、减速度。达到这个严格要求最经济的办法，是将主轴传动系统的转动惯量尽可能地减至最小，而只有将电动机内置，省掉齿轮、传动带等一系列中间环节，才有可能达到这一目的。

3. 高可靠性的要求

电动机内置于主轴两支承之间，与用带、齿轮等做末端传动的结构相比，可较大地提高主轴系统的刚度，也就提高了系统的固有频率，从而提高了其临界转速值。这样，电主轴即使在最高转速运转时，仍可确保低于其临界转速，保证高速回转时的安全。

电主轴可以针对数控机床的种类进行系列化、专业化生产，主轴组件形成独立的功能单元，可以方便地配置到多种加工设备上。目前，在机床产品目录中，即便是普通加工中心，也已把高速电主轴列为任选件，可满足一般机床用户的高速加工要求。

电主轴的基本参数包括套筒直径、最高转速、输出功率、转矩和刀具接口等，其中，套筒直径为电主轴的主要参数。目前，国内外专业的电主轴制造厂可供应几百种规格的电主轴，其套筒直径为 32 ~ 320mm，转速为 10 000 ~ 150 000r/min，功率为 0.5 ~ 80kW，转矩为 0.1 ~ 300N·m。

热稳定性是高速电主轴需要解决的关键问题之一。由于电主轴将电动机集成于主轴组件的结构中，成为一个内部热源。电动机的发热主要有定子绕组的铜耗发热及转子的铁损发热，其中定子绕组的发热占电动机总发热量的 2/3 以上。另外，电动机转子在主轴壳内的高速搅动，使内腔中的空气也会发热，这些热源产生的热量主要通过主轴壳体和主轴进行散热，所以电动机产生的热量有相当一部分会通过主轴传到轴承上去，因而影响轴承的寿命，并且会使主轴产生热伸长，影响加工精度。

为改善电主轴的热特性，应采取一定的措施和设置专门的冷却系统。在电动机定子与壳体连接处设计循环冷却水套，水套用热阻较小的材料制造，套外环加工有螺旋水槽。电动机工作时，水槽里通入循环冷却水，为加强冷却效果，冷却水的入口温度应严格控制，并有一定的压力和流量。另外，为防止电动机发热影响主轴轴承，主轴应尽量采用热阻较大的材料，使电动机转子的发热主要通过气隙传给定子，由冷却水吸收带走。

四、主轴

主轴是主轴组件的重要组成部分。它的结构尺寸和形状、制造精度、材料及其热处理，对主轴组件的工作性能都有很大的影响。主轴结构随主轴系统设计要求的不同而有各种形式。

（一）主轴的主要尺寸参数

主轴的主要尺寸参数包括主轴直径、主轴内孔直径、悬伸长度和支承跨距。评价和考虑主轴的主要尺寸参数的依据是主轴的刚度、结构工艺性和主轴组件的工艺适用范围。

I. 主轴直径

主轴直径越大，其刚度越高，但使得轴承和轴上其他零件的尺寸相应增大。轴承的直径越大，同等级精度轴承的公差值越大，要保证主轴的旋转精度就越困难，同时极限转数下降。主轴后端支承轴颈的直径可视为 0.7 ~ 0.8 倍的前支承轴颈值，实际尺寸要在主轴组件结构设计时确定。前、后轴颈的差值越小，则主轴的刚度越高，工艺性也越好。

2. 主轴内孔直径

主轴的内径用来通过棒料、用于通过刀具夹紧装置固定刀具、安装传动气动或液压卡盘等。主轴孔径越大，可通过的棒料直径越大，机床的使用范围就越广，同时主轴部件的相对重量越轻，因此主轴的孔径大小主要受主轴刚度的制约。主轴的孔径与主轴直径之比，小于 0.3 时，空心主轴的刚度几乎与实心主轴的刚度相当；等于 0.5 时，空心主轴的刚度为实心主轴刚度的 90%；大于 0.7 时，空心主轴的刚度就急剧下降，一般可取其比值为 0.5 左右。

（二）主轴轴端结构

主轴的轴端用于安装夹具和刀具。要求夹具和刀具在轴端定位精度高、刚度好、装卸方便，同时使主轴的悬伸长度短。数控车床的主轴端部结构，一般采用短圆锥法兰盘式。短圆锥法兰结构有很高的定心精度，主轴的悬伸长度短，大大提高了主轴的刚度。

五、超高速主轴组件的设计要点

机床的高速化是机床的发展趋势。目前的高速机床和虚拟轴机床均为机床突破性的重大变革，进入 20 世纪 90 年代以来，高速加工技术已开始进入工业应用阶段，并已取得了显著的经济效益。

超高速加工有如下优点：

第一，随切削速度的提高，切削力下降，切除单位材料的能耗低，加工时间大幅度缩短，所以，切削效率高。

第二，加工表面质量好，精度高，可作为机械加工的最终工序，即所谓"一次过"技术。

第三，零件变形小，切削产生的切削热绝大部分被切屑带走，基本不产生热量，减小温升。

第四，刀具寿命长，刀具磨损的增长速度低于切削效率的提高速度。

第五，在高速加工范围内，机床的激振频率范围远离工艺系统的固有频率范围，振动小，避免了共振。

第六，由于直接传动，省去了电动机至主轴间的传动链，消除了传动误差。

高速、超高速加工的关键技术及其相关技术的研究，已成为国内外重要的研究领域之一。其相关技术主要包括机床、刀具、工件、工艺等，如刀具的材料、结构、刀刃形状等；工件的材料、定位夹紧、装卸等；工艺中的 CAD/CAM、NC 编程、加工参数等，机床的基本结构、高速主轴、刀杆与安装、进缩机构、CNC 控制、换刀装置，温控系统、润滑与冷却系统和安全防护等。诸多相关技术中，关键技术是机床中的高速主轴组件的设计。本节主要讨论超高速主轴组件设计的要点。

超高速主轴组件是高速加工机床的核心部件，即所谓的高速电主轴，是内装式主轴、电动机一体化的主轴组件。它采用无壳电动机，将其空心转子采用压配方法直接装在机床主轴上，带有冷却套的定子则安装在主轴组件的壳体中，形成了内装式电动机主轴，称为电主轴，主要由主轴、轴承、内装式电动机和刀具夹持装置，传感器及反馈装置等部分组成。其速度因子 $d_m n$ 在 20 世纪 80 年代脂润滑条件下为（0.5 ~ 1.5）× 10^6，到 90 年代在喷射润滑条件下 $d_m n$ 值达到 $3.0 × 10^6$，主轴转速达 20 000 ~ 40 000r/min，有的轻载中小型机床甚至达到 60 000 ~ 100 000r/min。

影响高速电主轴性能的因素有轴承、润滑、冷却、轴承的预紧力的控制、主轴的动平衡、主轴轴端结构、轴上零件的连接等。其中，主轴轴承及其冷却、润滑是关键。

（一）超高速主轴轴承

电主轴轴承有接触式和非接触式。接触式的有陶瓷球轴承；非接触式的有液体动、静压轴承，气体动、静压轴承和磁力悬浮轴承。

I. 超高速主轴陶瓷球轴承

影响角接触球轴承高速性能的主要原因是高速下作用在滚珠上的离心力 F_C 和陀螺力矩 M_G 增大。离心力增大会增加滚珠与滚道间的摩擦，而陀螺力矩增大则会使滚珠与滚道间产生滑动摩擦，使轴承摩擦发热加剧，因而降低轴承的寿命。

离心力 F_C 和陀螺力矩 M_G 的表达式如下：

$$F_C = a_1 \rho D_a^5 d_m \omega_C^2$$
$$M_C = a_2 \rho D_a^5 d_m \omega_C \omega_b \sin \beta \qquad (5\text{-}12)$$

式中：a_1、a_2——系数；

D_a——滚珠的直径；

ρ——滚珠材料的密度；

d_m——滚动轴承内外圈的平均直径；

ω_C——滚珠的公转角速度；

ω_b——滚珠的自转角速度；

β——公转轴与自转轴之间的夹角，其值近似于轴承的接触角。

所谓滚珠的陀螺运动是：若陀螺力矩作用于滚珠上，则滚珠与内、外圈滚道的接触处，除了垂直负荷 Q_i 和 Q_e 外，还会产生切向摩擦力 T_j 和 T_e，并形成力矩 M_R。当作用于滚珠的力矩 M_G 超过了滚珠与内、外圈滚道之间的滚动摩擦力矩，就会引起滚珠的陀螺运动，这个运动沿滚珠的自转轴变化，增大滑动摩擦。

当滚珠采用氮化硅陶瓷（Si_3N_4）材料后，由于其密度只有轴承钢的 40% 及其他几项性能的优势，再加上减小滚珠的直径及采用较小的接触角，可以大大减小离心力 F_0 及陀螺力矩 M_G。因此，使用陶瓷球轴承与钢制角接触球轴承相比使主轴的性能大为改善。陶瓷球轴承的优点有如下四点：

（1）高速性能好

由于球的密度低、直径小、离心力小，与同规格的钢制轴承相比，转速可提高 60% 以上，抗疲劳能力强，寿命长。

（2）动刚度高

由于 Si_3N_4 的弹性模量为钢轴承的 1.5 倍，且采取小球密珠结构，即球径小了，而球数却增加了。因为球轴承的刚度与球径的 1/3 次幂、球数的 2/3 次幂成正比，所以，陶瓷轴承的主轴动刚度高。

（3）温升低

由于 Si_3N_4 的热导率低且有良好的摩擦特性和力学性能，与钢轴承相比，温升可降低 35% ~ 60%。

（4）热稳定性好

由于 Si_3N_4 的热膨胀系数只有钢的 1/4，这样使轴承的预紧力稳定，即热稳定性好。如果轴承的滚珠及内、外圈都用陶瓷制成，则主轴组件的性能除上述优点外，还主要体现在耐高温、耐磨、耐腐蚀、无磁性等方面。

2.非接触式超高速轴承

接触式轴承因为与金属相接触，摩擦系数大，且其性能与轴承本身的加工精度也有着密切的关系。而非接触式流体轴承，其性能只与流体的摩擦系数有关，与转速和运动状态无关。非接触式超高速主轴轴承有液体动、静压轴承，气体动、静压轴承和磁力悬浮轴承（磁浮轴承）。

液体动、静压轴承的技术比较成熟，设计时可参考有关资料。其缺点是需要一套液压装置，成本较高。

气体动、静压轴承高速性能好，输出扭矩和输出功率较小，一般用在超高速、轻载、精密主轴上，主要用于零件的光整加工，成本较低。

磁力悬浮轴承是用电磁力将主轴无机械接触地悬浮起来的新型智能化轴承。它的高速性能好，精度高，易实现实时诊断和在线监控，是超高速加工机床主轴理想的支承元件，已相继被许多国家用于高速加工机床上。但是，由于其价格昂贵，控制系统复杂，发热问题难以解决，限制了它在高速加工机床上的推广应用。

3. 合理的预紧力控制

为了提高轴承的刚度、抑制振动及高速回转时滚珠公转和自转的滑动，提高轴的回转精度等，在主轴上使用的滚动轴承均须预紧，预紧的方式主要有恒位置预紧和恒力预紧。恒位置预紧是将轴承内、外圈在轴向固定，以初始预紧量确定其相对位置，运转过程中预紧量不能自动调节，随转速的提高，轴承滚子发热膨胀，内、外圈温差增大，滚子受离心力及轴承座的变形等因素的影响，使轴承预紧力急剧增加，这是超高速主轴轴承受到破坏的主要原因。但这种预紧方式具有较高的刚度，如果采用陶瓷球轴承，并适当润滑和冷却，在 d_mn 值小于 2.0×10^6 的高速主轴组件中仍广泛应用。

恒力预紧是一种利用弹簧或者液压系统对轴承实现预紧的方式。在高速运转中，弹簧或液压系统能吸收引起轴承预紧力增加的过盈量，以保持轴承预紧力不变，这对超高速主轴非常有利。但在低速重切削条件下，由于预紧结构的变形会影响主轴的刚性，所以恒力预紧一般用在超高速、载荷较轻的磨床主轴或轻型超高速切削机床主轴上。

在超高速加工中心主轴组件中，为了克服以上两种预紧方式的缺点，使主轴组件既能适应低速重载加工，又能适应超高速运转，设计了一个可进行预紧力切换的预紧机构。此预紧机构在低速重切时，轴承在恒位置预紧下工作；当在高速轻切削时，系统可自动切换成恒力预紧方式，以防止预紧力增加，使轴承的高速性能得到发挥。

（二）电主轴的动平衡

由于不平衡质量是以主轴转速的二次方影响主轴动态性能的，所以主轴的转速越高，主轴不平衡质量引起的动态问题越严重。对电主轴来说，由于电动机转子直接过盈固定在主轴上，增加了主轴的转动质量，使主轴的极限频率下降，因此，超高速电主轴的动平衡精度应严格要求，一般应达到 G1 ~ G0.4 级（ $G = e\omega$，e 为偏心量，ω 为角速度）。为此，必须进行电主轴装配后的整体精确动平衡，甚至还要设计专门的自动平衡系统来实现电主轴的在线动平衡。

在电主轴的动平衡中，刀具的定位夹紧及平衡也是主要影响因素之一。回转刀具的刀头距回转中心的偏差，是主轴高速回转时产生振动的原因，同时导致刀具寿命缩短，因此，必须对包括刀具和刀夹的旋转总成充分地进行平衡，以消除有害的动态不平衡力，避免高速下颤振和振动。

（三）刀具的夹紧

分析与实验表明，高速主轴的前端由于离心力的作用会使主轴膨胀，如 30 号锥度的主轴前端在 30 000r/min 时，膨胀量为 4 ~ 5μm，然而标准的 7/24 实心刀柄不会有这样大的膨胀量，这样，就明显地减少了主轴与刀具的接触面积，从而降低了刀柄与主轴锥孔的接触刚度，而且刀具的轴向位置也会发生变化，很不安全，因此传统的长锥柄刀夹已不适用于超高速加工。解决这个问题的办法有两种：

一种是采用主轴锥孔与主轴端部同时接触的双定位刀夹，使端面定位面具有很大的摩擦，以防止主轴膨胀，这是一种有效的措施。为使刀具在刀柄上夹紧，可采用流体压力夹紧的方式，这样既可提高夹紧刚度，又可保证刀柄和刀具的同心度。

利用短锥（1 : 10 刀锥柄），且锥柄部分采用薄壁结构，刀柄利用短锥和端面同时实现轴向定位。这种结构对主轴和刀柄连接处的公差带要求特别严格，仅为 2 ~ 6μm，由于短锥严格的公差和具有弹性的薄壁，在拉杆轴向拉力的作用下，短锥会产生一定的收缩，所以刀柄的短锥和法兰端面较容易与主轴相应的结合面紧密接触，实现锥面与端面同时定位，因而具有很高的连接精度和刚度。当主轴高速旋转时，尽管主轴轴端会产生一定程度的扩张，使短锥的收缩得到部分伸张，但是短锥与主轴锥孔仍保持较好的接触，主轴转速对连接性能影响很小。

另一种是直接夹紧刀具的方式，即通过采用主轴锥孔内用拉杆操作的弹簧夹头而省去刀夹。直接夹紧方式最适合于直径小于 10mm 的刀具，适用于较小功率的刀柄直径标准化的超高速切削加工。

（四）轴上零件的连接

在超高速电主轴上，由于转速的提高，所以对轴上零件的动平衡要求非常高。轴承的定位元件与主轴不宜采用螺纹连接，电动机转子与主轴也不宜采用键连接，而普遍采用可拆的阶梯过盈连接。一般用热套法进行安装，用注入压力油的方法进行拆卸。

在确定阶梯套基本过盈量时，除了根据所受载荷计算需要过盈量外，还须考虑以下因素对过盈连接强度的影响：①配合表面的粗糙度；②连接件的工作温度与装配温度之差，以及主轴与过盈套材料线胀系数之差；③主轴高速旋转时，过盈套所受到的离心力会引起过盈套内孔的扩张，导致过盈量减少，当主轴材料和过盈套材料的泊松比、弹性模量和密度相差不大时，过盈量的修正值与主轴转速的平面成正比；④重复装卸会引起过盈量减小；⑤结合面形位公差对过盈量的影响等。

阶梯过盈套过盈量的实现有两种方式：①利用公差配合来实现，根据基本过盈量的计算值和配合面的公称尺寸，查有关手册图表，得出相应的过盈配合；②利用阶梯配合面的公称尺寸的差值来实现，并选用 H4/h4 的过渡配合，这种方法容易控制和保证配合的实际过盈量，适用于高精度的零件配合并进行标准化和系列化生产。

（五）冷却系统

电动机和支承内的发热量较高是电主轴的突出问题，故电主轴应有有效的冷却系统，这是电主轴必须解决的关键技术。

由于电主轴将电动机集成于主轴组件的结构中，无疑在其结构内部增加了一个热源。电动机发热主要有定子绕组的铜耗发热及转子的铁损发热，其中定子绕组的发热占电动机总发热量的 2/3 以上。另外，电动机转子有主轴壳体内的高速搅动，使内腔中的空气也会发热，这些热源产生的热量主要通过主轴壳体和主轴进行散热，所以电动机产生的热量有相当一部分会通过主轴传到轴承上去，因而影响轴承的寿命，并且会使主轴产生热伸长，影响加工精度。

除了电动机的发热外，主轴轴承的发热也不容忽视，再加上主轴电动机对轴承的热辐射和热传导，所以主轴轴承也必须合理润滑和冷却，否则，无法保证电主轴高速运转。

可见，为改善电主轴的热特性，必须解决电动机的冷却问题。设计冷却系统，使电主轴的本身结构和冷却系统的结构建立轴对称温度场，同时保证部件所需的精度。常采用强制式空气冷却系统和液压式冷却系统。

液压式冷却系统是把电动机定子与壳体连接处设计成循环冷却水套。水套用热阻较小的材料制造，套外环加工有螺旋水槽，电动机工作时，水槽通入循环冷却水，为加强冷却效果，冷却水的入口温度应严格控制，并有一定的压力和流量。另外，为防止电动机发热影响主轴轴承，主轴应尽量采用热阻较大的材料，使电动机转子的发热主要通过气隙传给定子，由冷却水吸收带走，将冷却液通过电主轴孔通向刀柄冷却刀具。

电主轴的润滑一般采用定时定量的油气润滑和喷射润滑，即每隔一定时间注一次油，通过一个定量阀的器件，精确地控制每次注入润滑油的注油量。油气润滑是指润滑油在压缩空气的携带下，被吹入陶瓷轴承。每次注入的油量应严格控制，太少了，起不到润滑作用；太多了，在轴承高速旋转时会因油的阻力而发热。

第四节　齿形带传动设计

一、齿形带的强度计算

由于齿形带传动属于啮合传动，不存在相对滑动，因此齿形带传动的设计计算准则是保证齿形带有足够的强度。由于强度不够，齿形带在工作时可能产生的失效形式有：①由于强力层的强度不够而引起的强力层弯曲疲劳破坏；②在冲击载荷的作用下，强力层产生断裂或从齿背中抽出；③由于强力层伸长，使齿带齿距改变，引起爬齿；④带齿的磨损、弯曲、剪断和老化龟裂等。

综上所述，齿形带的强度计算主要应该限制作用在齿形带单位宽度上的拉力，以保证一定的使用寿命。实践证明，按这一准则设计的齿形带，上述可能产生的破坏形式基本上可得到控制。

由此可得到计算齿形带宽度 $b(\text{mm})$ 的公式为：

$$b = \frac{1000P}{\left([S] - S_c'\right)v}$$

（5-9）

式中：P——齿形带所传递的功率（W）；

$[s]$——齿形带单位宽度上的许用拉力（N）；

S_c'——齿形带单位宽度上的离心拉力 $S_c' = \dfrac{q'v^2}{g}$（N）；

q'——单位宽度、单位长度带的重力（N）；

g——重力加速度，取 $g = 9.8\text{m} / \text{s}^2$。

二、齿形带传动的设计计算

设计齿形带传动时，一般给定条件为传动的用途、工作条件、传递的功率 P、转速 n_1 和 n_2 或传动比 i 以及大致的空间尺寸等。

设计计算的主要内容是齿形带的模数、齿数和宽度，带轮的结构和尺寸，传动的中心距，作用在轴上的载荷以及结构设计等。

设计的大致步骤是：选取模数 m，选定带轮齿数 z_1、z_2 和节圆直径 D_1、D_2，确定齿形带的长度 L 和齿数 Z 及中心距 A，确定宽度 b，计算作用在轴上的载荷 F_s，选定带轮的结构并确定其尺寸。

（一）模数 m 的选取

模数主要是根据齿形带所传递的计算功率 P_c 和小带轮的转速 n_1 确定，可按图 5-12 选取。计算功率 P_c 可按下式计算：

$$P_c = k_g P$$

（5-10）

式中：P——齿形带所传递的功率；

k_g——工作情况系数。

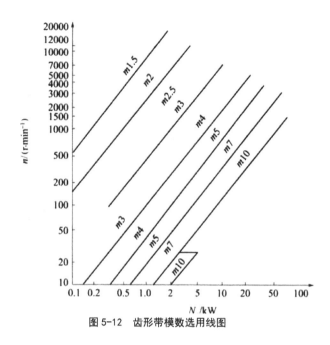

图 5-12　齿形带模数选用线图

（二）小带轮的最小直径 $D_{\min}$

$D_{\min}$ 不是直接选定，而是由其最少齿数 $z_{1\min}$ 控制。$z_{1\min}$ 所选定的 z_1 应大于 $z_{1\min}$。

（三）初选中心距 A_0

初选中心距 A_0 时，可按下式确定：

$$0.5\left(D_1 + D_2\right) \leqslant A_0 \leqslant 2\left(D_1 + D_2\right) \tag{5-11}$$

式中：A_0——初选中心距（mm）；

D_1、D_2——小轮和大轮分度圆直径（mm）。

（四）确定带长 L

中心距初选后，按下式初选带长：

$$L' = 2A_0 + 0.5\pi\left(D_1 + D_2\right) + 0.25\left(D_2 - D_1\right)^2 / A_0 \tag{5-12}$$

则带的齿数为：

$$z'_{\mathrm{p}} = L' / (\pi m) \tag{5-13}$$

将求得的齿数圆整到标准化的齿数值，并且，$z_{\mathrm{p}} = 40\sim250$，最后确定与之相应的带长 L：

$$L = \pi m z_{\mathrm{p}}$$

（5-14）

（五）最终确定中心距 A

A 用下式确定：

$$A = 0.25\left\{L - 0.5\pi\left(D_1 + D_2\right) + \sqrt{\left[L - 0.5\pi\left(D_1 + D_2\right)\right] - 2\left(D_2 - D_1\right)^2}\right\}$$

（5-15）

（六）小轮上与带相啮合的齿数 z_n

z_n 用下式计算：

$$z_n = z_1\left[180° - 57°\left(D_2 - D_1\right) / A\right] / 360°$$ （5-16）

当 $m \leqslant 2$ 时，z_n 不小于 4；当 $m > 2$ 时，z_n 不小于 6。如果不满足，可加大中心距。小带轮最小包角 α_1 用下式计算：

$$\alpha_1 \approx 180° - 60°\left(D_2 - D_1\right) / A$$ （5-17）

作用在轴上的载荷为 F_s。F_s 即为齿形带所传递的圆周力：

$$F_s = F = \frac{P}{v}$$ （5-18）

式中：v——带的线速度。

第六章 加工中心应用

第一节 加工中心自动换刀

一、刀库形式

加工中心设置有刀库，刀库中存放着一定数量的各种刀具或检具，刀库的储存量一般在8～64把范围内，多的可达100～200把。加工中心刀库的形式很多，结构也各不相同，最常用的有鼓盘式刀库、链式刀库和固定型格子盒式刀库。

（一）鼓盘式刀库

鼓盘式刀库的形式如图6-1所示。鼓盘式刀库结构紧凑、简单，一般存放刀具不超过32把，在诸多形式刀库中，鼓盘式刀库在小型加工中心上应用得最为普遍。其特点是：鼓盘式刀库置于立式加工中心的主轴侧面，可用单臂或双手机械手在主轴和刀库间直接进行刀具交换，换刀结构简单，换刀时间短。但刀具单环排列，空间利用率低，若要增大刀库容量，那么刀库外径必须设计得比较大，势必造成刀库转动惯量也大，则不利于自动控制。

图6-1 鼓盘式刀库的形式

（二）链式刀库

链式刀库如图6-2所示，适用于刀库容量较大的场合。链式刀库的特点是：结构紧凑，占用空间更小，链环可根据机床的总体布局要求配置成适当形式以利于换刀机构的工作。通常为轴向取刀，选刀时间短，刀库的运动惯量不像鼓盘式刀库那样大。可采用多环链式刀库增大刀库容量；还可通过增加链轮的数目，使链条折叠回绕，提高空间利用率。

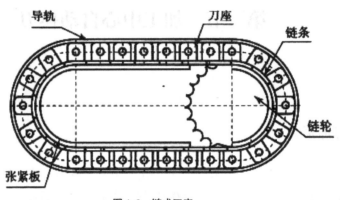

图 6-2　链式刀库

（三）固定型格子盒式刀库

固定型格子盒式刀库如图 6-3 所示。刀具分几排直线排列，由纵、横向移动的取刀机械手完成选刀运动。由于刀具排列密集，因此空间利用率高，刀库容量大。

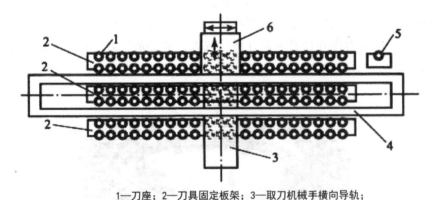

1—刀座；2—刀具固定板架；3—取刀机械手横向导轨；

4—取刀机械手纵向导轨；5—换刀位置刀座；6—换刀机械手

图 6-3　固定型格子盒式刀库

二、刀具选择方式及 ATC 换刀的特点

加工中心实现自动换刀，先要在加工中心的刀库中储存要用到的若干刀具，刀库自动选择当前要用的刀具，换刀机构在主轴头与刀库间实现自动刀具装卸。从刀库中存放刀具的服务对象看，加工中心的 ATC 换刀一般可分为以下两种情况：

一是刀库刀具专门为特定工件的加工工序服务。通常是旧式加工中心的设计，其 ATC 换刀特点是：在加工前，将加工工件所需刀具按照加工工艺的先后顺序进行编号，刀具按编号依次插入刀库的相应编号的刀座中，顺序不能有差错，加工时按排定的顺序选刀，可称为"顺序选刀方式"。

二是刀库刀具为多种工件加工服务。不同工件的加工可在刀库中选择若干需要的刀具，刀库的容量越大，适应的加工工艺需要越多。刀库中刀具的排列顺序与工件加工工艺顺序无关，数控系统根据程序 T 指令的要求选择所需要的刀具，称为"任意选刀方式"。任意选刀方式根据刀具识别技术主要分为刀座编码识别、刀具编码识别和软件记忆识别三种方式。

（一）为特定加工工序服务的顺序选刀方式

采用顺序选刀的加工中心，由于刀库装入的刀具是为某特定的加工工序服务，刀具按照加工工艺的先后顺序编号存放。加工不同的工件时，必须重新调整刀库中的刀具及其顺序，如果用这种机床加工频繁变化的工件，操作烦琐，而且加工同一工件的过程中，各工步的刀具不能重复使用，这样就会增加刀具的数量。如某一规格尺寸刀具在一次装夹的加工顺序中要用两次，则要准备两把这种刀具排在刀库的相应顺序位置，显然这是顺序选刀的缺陷。

顺序选刀的优点是：该方式不需要刀具识别装置，驱动控制也较简单、可靠。适合于加工工件品种较少变化且批量生产的场合。

使用顺序选刀的加工中心，应特别注意的是：装刀时必须十分谨慎，如果刀具不按加工的先后顺序装在刀库中，将会产生严重的后果。

（二）任意选刀的刀座编码识别方式

任意选刀的刀座编码方式是对刀库中的刀套进行编码，并将与刀座编码号相对应的编号刀具一一放入指定的刀座中，然后根据刀座的编码选取刀具。如图 6-4 所示，刀具根据编号一一对应存放在刀座中，刀座编号就是刀具号，通过识别刀座编号来选择对应编号的刀具。

自动换刀时，刀库旋转，每个刀座都经过刀具识别装置接受识别。当某把刀具的刀座二进制代码（如 00000111）与数控指令的代码（如 T07）相符合时，该把刀具被选中，刀库驱动，将刀具送到换刀位置，等待换刀机械手来抓取。

刀座编码方式的特点是只认刀座不认刀具，一把刀具只对应一个刀座，从一个刀座中

取出的刀具必须放回同一个刀座中，刀具装卸过程烦琐，换刀时间长。

例如，设当前主轴上刀具为 T07，当执行 M06 T04 指令时，刀库首先将刀座 07 转至换刀位置（如图 6-4 所示），由换刀装置将主轴中的 T07 刀装入刀库的 07 号刀座内，随后刀库反转，使 04 号刀座转至换刀位置，由换刀装置将 T04 刀装入主轴上。

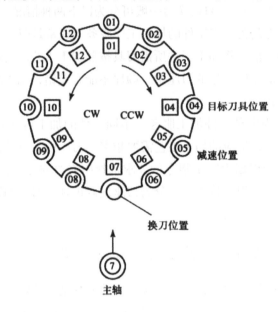

图 6-4 采用刀套编码的选刀控制

（三）在刀库中任意选刀的刀具编码识别方式

该装置采用了一种特殊的刀柄结构，并对每把刀具编码。如图 6-5 所示，刀具柄部采用编码结构，刀库上有编码识别机构。由于每把刀具都具有自己的代码，因而刀具可以放在刀库中的任何一个刀座内。

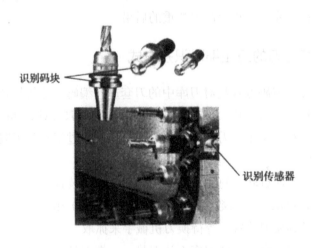

图 6-5 刀具编码及编码识别结构

选刀时，刀具识别装置只须根据刀具上的编码来识别刀具，而不必考虑刀座，这样不仅刀库中的刀具可以在不同的工序中多次重复使用，而且换下的刀具也不用放回原来的刀座，这对装刀和选刀都十分有利。但是由于每把刀具上都带有专用的编码系统，使刀具、刀库和机械手的结构变得较复杂。

（四）可在刀库中任意选刀的软件记忆识别方式

由于计算机技术的发展，可以利用软件选刀，它代替了传统的编码环和识刀器。在这种选刀与换刀的方式中，刀库中的刀具能与主轴上的刀具任意地直接交换，即随机换刀。

软件随机换刀控制方式需要在 PLC 内部设置一个模拟刀库的数据表，这样，刀具号和刀库中的刀座位置——对应，并记忆在数控系统的 PLC 中。

在刀库上装有位置检测装置（一般与电动机装在一起），可以检测出每个刀座的位置。此后，随着加工换刀，换上主轴的新刀号以及还回刀库中的旧刀具号，均在 PLC 内部有相应的刀座号存储单元记忆，无论刀具放在哪个刀座内都始终记着它的刀座号变化踪迹。这样，数控系统就实现了刀具任意取出并送回。

例如，设当前主轴上刀具为编号为 07 的刀具，当 PLC 接到寻找新刀具的指令 T04 后，数控系统在刀库数据表中进行数据检索，检索 T04 刀具代码当前所对应的刀库刀座序号，然后刀库旋转，检测到 T04 对应的刀库刀座序号，即识别了所要寻找的 T04 号刀具，刀库停转并定位，等待换刀。当执行 M06 指令时，机床主轴准停，机械手执行换刀动作，将主轴上用过的旧刀 T07 和刀库上选好的新刀 T04 进行交换，与此同时，修改刀库数据表中 T07 刀具代码与刀库刀座序号对应的数据。

三、刀具换刀装置和交换方式

数控机床的自动换刀装置中，实现刀库与机床主轴之间传递和装卸刀具的装置称为刀具交换装置。交换方式通常分为无机械手换刀和有机械手换刀两大类。下面就典型的换刀方法进行介绍。

（一）无机械手换刀

如图 6-6 所示为一种小型卧式加工中心，它的刀库在立柱的正前方上部，刀库轴线方向与机床主轴同方向，它采取无机械手换刀方式。

图6-6　采取无机械手换刀方式的小型卧式加工中心

刀库与主轴同方向无机械手换刀方式的特点是：刀库整体前后移动与主轴上直接换刀，省去机械手，结构紧凑，但刀库运动较多，刀库旋转是在工步与工步之间进行的，即旋转所需的辅助时间与加工时间不重合，因而换刀时间较长。无机械手换刀方式主要用于小型加工中心，刀具数量较少（30把以内），而且刀具尺寸也小。

（二）有机械手换刀

采用机械手进行刀具交换的方式应用最广泛，这是因为机械手换刀灵活，而且可以减少换刀时间。由于刀库及刀具交换方式的不同，换刀机械手也有多种形式，以手臂的类型来分，有单臂机械手、双臂机械手。常用的双臂机械手有钩手、插手、伸缩手等。

如图6-7所示为常用双臂机械手结构形式，这几种机械手能够完成抓刀、拔刀、回转、插刀、返回等一系列动作。为了防止刀具掉落，各机械手的活动爪都带有自锁机构。由于双臂回转机械手的动作比较简单，而且能够同时抓取和装卸机床主轴和刀库中的刀具，因此换刀时间进一步缩短。

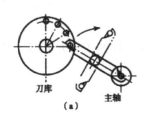
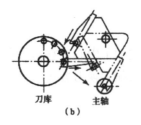
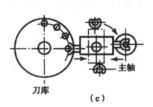

（a）钩手；（b）插手；（c）伸缩手

图6-7　常用双臂机械手结构形式

四、换刀程序的编制

分析上述刀具选择方式及 ATC 换刀的特点可见，刀具存放刀库时，刀具号与刀座号一致的加工中心，换刀方式的特点是还刀、装新刀必须顺序进行；刀具号与刀座号不一致的加工中心，换刀方式的特点是还刀、装新刀可同时进行。这个区别与换刀程序的编制相关。

（一）刀具号与刀座号一致的加工中心换刀程序编写

比较为特定加工工序服务的顺序选刀方式和任意选刀的刀座编码识别方式，它们都是刀具号与刀座号一致的加工中心，换刀动作过程有共同的特点，换刀装置都是根据刀座编码识别刀具，刀具都必须对号入座，都必须先还旧刀才能找新刀、装新刀，换刀动作过程是：找旧刀具位→还旧刀→找新刀→装新刀，因此这两种方式的换刀程序指令类似。

因为 CNC 系统可以默认旧刀总是要回到自己在刀库中的位置，还旧刀在换刀程序中可以不必说明。换刀程序要给出的信息是新刀刀号和新刀装上主轴的时刻，然后，数控系统的 PLC 程序可自动控制"找旧刀位→还旧刀→找新刀→装新刀"的连续的开关量动作。换刀程序编程很简单，以 FANUC 系统为例，程序用 T 指令来指令刀库选择当前要换到主轴上的刀具，用 M06 指令来指令换刀机构执行换刀系列动作。

对于为特定加工工序服务的顺序选刀方式的加工中心，换刀程序指令含义是：将 3 号刀具还到刀库的 3 号座位，将 4 号刀具安装到主轴上。换刀程序的特点是刀具指令与换刀指令要连续，中间不要穿插其他指令。

对于任意选刀的刀座编码识别方式的加工中心，换刀程序指令含义是：刀库先找主轴上刀具的座位，并归还到其座位，然后刀库找新刀（4 号刀具），然后将 4 号刀具安装到主轴上。

（二）刀具号与刀座号不一致的加工中心换刀程序编写

任意选刀的刀具编码识别方式和任意选刀的软件记忆识别方式有共同的特点，换刀装置不必根据刀座编码识别刀具，换刀时刀具不必对号入座，在旧刀加工的同时可先指令刀库找新刀，刀库选刀完成则等待换刀指令 M06，到了换刀时刻，还刀、装新刀同时进行。

五、加工中心自动换刀程序

（一）编写换刀子程序

CNC 加工中心使用 M06 进行换刀。执行换刀前，应满足必要的换刀的条件，如机床原点复位、冷却液取消、主轴停止。换刀的条件亦是换刀程序不可或缺的部分，建立正确的换刀条件需要多个程序段。

以普通的立式 CNC 加工中心自动换刀为例，通常换刀程序应包括以下内容：①关闭冷却液；②取消固定循环模式；③取消刀具半径偏置；④主轴停止旋转；⑤返回机床参考点；⑥取消刀具长度偏置；⑦进行实际换刀。

加工中心多刀加工时，每次编写的自动换刀程序内容通常都一样，因此可以将换刀程序编写成换刀子程序，以备主程序在换刀时调用。如编成换刀子程序 09888：

09888（换刀子程序）；

M09（关闭冷却液）；

G80 G40 D00（取消固定循环模式，取消刀具半径偏置）；

G49 H00（取消刀具长度偏置）；

M05（主轴停止旋转）；

G91 G28 Z0（返回机床参考点）；

G90 M06（进行实际换刀）；

M99（返回主程序）。

应注意的是：以上换刀子程序适用于刀具号与刀座号不一致的加工中心换刀，比如要用刀具编码识别方式的加工中心，或者采用软件记忆刀具识别方式的加工中心，它们允许刀具指令与换刀指令分开。

（二）编写加工中心自动换刀程序

加工主程序调用换刀子程序能够简化程序编写，如对 07101 程序用主程序调用换刀子程序的方法进行改进，实现从 T011 → T06 → T02 刀具间的自动换刀和加工。可见用了换刀子程序，可使加工中心多刀加工程序的编制变得简洁、方便，并且增强了程序的安全性。

上述程序适用于任意选刀的刀具编码识别方式、软件记忆识别方式的加工中心，对于刀具号与刀座号一致的加工中心，如果应用换刀子程序，M06 指令要从换刀子程序中拿出来，与主程序 T 指令放在一起。

（三）主程序调用各刀的换刀子程序、加工子程序

各把刀的加工程序一般可分为设置工作参数、刀具引入、加工过程、加工返回等阶段。如果进一步把各把刀的加工程序作为子程序由主程序调用，将可使主程序变得更为简洁、明了。

设 T11 号刀的加工子程序是 07111；T06 号刀的加工子程序是 07106；T02 号刀的加工子程序是 07102。主程序 07101 调用各刀的换刀子程序和加工子程序示例如下：

007101；

N1 G21（公制模式）；

N2 G90 G94 G40 G80 G4 9 G17 T11（初始化设置，同时 T011 刀准备）；

N3 Til M98 P9888（调用换刀子程序，T011 刀装上主轴）；

N4 M98 P7111 T06（调用 T01 刀加工程序 07711，同时刀库寻找 T06）；

N5 T06 M98 P9888（调用换刀子程序，T06 刀装上主轴，T11 还回刀库）；

N6 M98 P7106 T02（调用 T06 刀加工程序 07106，同时刀库寻找 T02）；

N7 T02 M98 P9888（调用换刀子程序，T02 装上主轴，T06 还回刀库）；

N8 M98 P7102（调用 T02 刀加工程序 07102）；

N9 G91 G28 Z0 G49（回到机床 Z 向零点）；

N10 M05（主轴停转）；

Nil M30（程序结束，光标回到起始行）。

第二节　孔加工要求及孔加工固定循环

一、孔加工概述

孔加工是最常见的零件结构加工之一，孔加工工艺内容广泛，包括钻削、扩孔、铰孔、锪孔、攻丝、镗孔等孔加工工艺方法。

在 CNC 铣床和加工中心上加工孔时，孔的形状和直径由刀具选择来控制，孔的位置和加工深度则由程序来控制。

圆柱孔在整个机器零件中起着支承、定位和保持装配精度的重要作用，因此，对圆柱孔有一定的技术要求。孔加工的主要技术要求有以下四点：

（一）尺寸精度

配合孔的尺寸精度要控制在 IT6 ~ IT8，要求较低的孔一般控制在 IT11。

（二）形状精度

孔的形状精度，主要是指圆度、圆柱度及孔轴心线的直线度，一般应控制在孔径公差以内。对于精度要求较高的孔，其形状精度应控制在孔径公差的 1/3 ~ 1/2 。

（三）位置精度

一般有各孔距间误差，各孔轴心线对端面的垂直度允差和平行度允差等。

（四）表面粗糙度

孔的表面粗糙度要求一般在 Ra 0.4 ~ 12.5 μm 之间。

加工一个精度要求不高的孔很简单，往往只需一把刀具一次切削即可完成；对精度要求高的孔则需要几把刀具多次加工才能完成。

二、孔加工固定循环格式

（一）孔加工固定循环的概念

钻孔、铰孔、攻丝以及镗削加工时，孔加工路线包括 X，Y 方向的点到点的点定位路线，Z 向的切削运动。各种孔加工运动过程类似，其过程至少包括：①在 Z 向安全高度刀具 X、Y 向快速点定位于孔加工位置上方；②Z 向快速接近工件运动到切削的起点；③以切削进给率进给运动到指定深度；④刀具完成所有 Z 向运动离开工件返回安全的高度位置。

一些孔的加工或有更多的动作细节。

孔加工运动可用 G00、G01 编程指令表达，但为避免每次孔加工编程时，编写 G00、G01 运动信息的重复，数控系统软件工程师把类似的孔加工步骤、顺序动作编写成预存储的微型程序，固化存储于计算机的内存里，该存储的微型程序就称为固定循环。机床应用人员在编程时，可用系统规定的固定循环指令调用孔加工的系列动作。固定循环指令的使用方便孔加工编程，并减少程序段数。

（二）孔加工固定循环通用格式

孔加工固定循环通用格式：

[G90/G91][G98/G99][G73 ~ G89]X—Y—Z—R—Q—P—F—K— ；

其中：

X，Y——孔加工定位位置；

R——刀具准备 Z 向工作进给的起点高度；

Z——孔底平面的位置；

Q——当有 Z 向间隙进给时，刀具每次加工深度；在精镗或反镗孔循环中为退刀量；

P——指定刀具在孔底的暂停时间，数字不加小数点，以 ms 作为时间单位；

F——孔加工切削进给时的进给速度；

K——指定孔加工循环的次数。

孔加工循环的通用格式表达了孔加工所有可能的运动，如图 6-8（a）所示，孔加工运动可分解为六个运动，这些动作应由孔加工循环格式中相应的指令字描述。

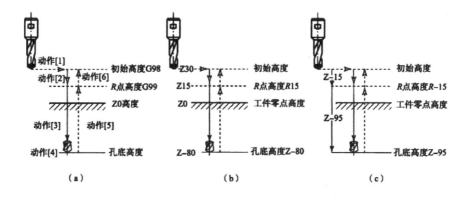

（a）固定循环的动作；（b）G90 编程数值；（c）G91 编程数值

图 6-8　孔加工的六个运动及 G90 或 G91 时的坐标计算方法

并不是每一种孔加工循环的编程都要用到孔加工循环的通用格式的所有指令字。以上格式中，除 K 代码外，其他所有代码都是模态代码，只有在循环取消时才被清除，因此，这些指令一经指定，在后面的重复加工中不必重新指定。取消孔加工循环采用代码 G80。另外，如在孔加工循环中出现 01 组的 G 代码，如 G01、G02，则孔加工方式也会自动取消。

（三）固定循环中的 Z 向高度位置及选用

在孔加工运动过程中，刀具运动涉及 Z 向坐标的三个高度位置：初始平面高度、R 平面高度、切削深度。孔加工工艺设计时，要对这三个高度位置进行适当选择。

1. 初始平面高度

初始平面是为安全点定位及安全下刀而规定的一个平面，可称为安全平面。安全平面的高度应能确保它高于所有的障碍物。当使用同一把刀具加工多个孔时，刀具在初始平面内的任意点定位移动应能保证刀具不会与夹具、工件凸台等发生干涉，特别防止快速运动中切削刀具与工件、夹具和机床的碰撞。

2.R 平面高度

R 平面为刀具切削进给运动的起点高度，即从 R 平面高度开始刀具处于切削状态。由 R 平面指定 Z 轴的孔切削起点的坐标。

对于所有的循环都应该仔细地选择 R 平面的高度，通常选择在 Z0 平面上方（1 ~ 5mm）处。考虑到批量生产时，同批工件的安装变换等原因可能引起 Z0 平面高度变化的因素，如果有必要，对 R 点高度设置进行调整。

3. 切削深度

固定循环中必须包括切削深度，到达这一深度时刀具将停止进给。在循环程序段中 Z

值表示切削深度的终点。

编程中，固定循环中的 Z 值一定要使用通过精确计算得出的 Z 向深度，Z 向深度计算必须考虑的因素有：图样标注的孔的直径和深度；绝对或增量编程方法；切削刀具类型和刀尖长度；加工通孔时的工件材料厚度和加工盲孔时的全直径孔深要求；工件上方间隙量和加工通孔时在工件下方的间隙量等。

三、钻孔加工循环及应用

（一）钻孔循环 G81 与锪孔循环 G82

I. 指令格式

钻孔循环：G81 X ~ Y ~ Z ~ R ~ F ~ ；
锪孔循环：G82 X ~ Y ~ Z ~ R ~ P ~ F ~ 。

2. 孔加工动作图解及说明

如图 6-9 所示为 G81、G82 加工动作图解，指令应用说明如下：

G81 指令用于正常的钻孔，切削进给执行到孔底，然后刀具从孔底快速移动退回。

G82 动作类似于 G81，只是在孔底增加了进给后的暂停动作。因此，在盲孔加工中，可减小孔底表面粗糙度值。该指令常用于引正孔加工、锪孔加工。

3. 指令应用示例

加工如图 6-10 所示工件的四个孔，工件坐标系如图设定。试用固定循环 G81 或 G82 指令编写孔加工程序。

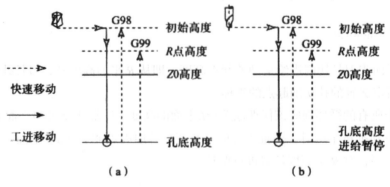

（a）G81 循环路线；（b）G82 循环路线

图 6-9　G81 与 G82 加工动作图解

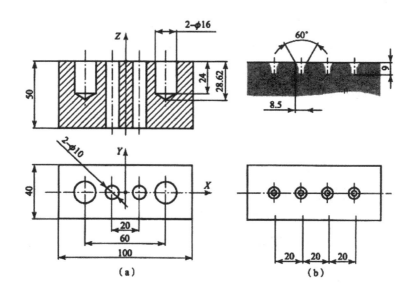

（a）示例工件图；（b）中心孔定距重复加工图

图 6-10 固定循环 G81、G82、G73、G83 指令应用示例图

孔加工设计如下：

（1）引正孔

$\phi4$ 中心孔钻打引正孔，用 G82 孔加工循环——T01。

（2）钻孔

$\phi10$ 麻花钻头钻通孔，用 G81 孔加工循环——T02。

（3）钻孔

$\phi16$ 麻花钻头钻盲孔，用 G82 孔加工循环——T03。

（二）深孔钻削循环 G73、G83

I. 指令格式

高速深孔钻循环：G73 X ~ Y ~ Z ~ R ~ Q ~ F ~ ;
深孔钻循环：G83 X ~ Y ~ Z ~ R ~ Q ~ F ~ 。

2. 孔加工动作图解及说明

如图 6-11 所示为 G73、G83 加工动作图解，指令应用说明如下：

G73 指令通过 Z 轴方向的间歇进给可以较容易地实现断屑与排屑。指令中的 Q 值是指每一次的加工深度，为正值。G73 中钻头退刀距离很小，在 5 ~ 10mm 之间。

G83 指令同样通过 Z 轴方向的间歇进给来实现断屑与排屑的目的，但与 G73 指令不同的是，刀具间歇进给后快速回退到 R 点，再 Z 向快速进给到上次切削孔底平面上方距离为 d 的高度处，从该点处快进变成工进，工进距离为 $Q+d$。d 值由机床系统指定，无须用户指定 Q 值以及每次进给的实际切削深度，Q 值越小所需的进给次数就越多，Q 值越大则所需的进给次数就越少。

3. 间歇进给断续切削特点及应用

对于太深而不能使用一次进给运动加工的孔，通常使用深孔钻，深孔钻削的加工方法也可以用于改善标准钻的工艺技术。以下是深孔钻方法在孔加工中的一些可能的应用：①深孔的钻削；②用于较硬材料的短孔加工时断屑；③清除堆积在钻头螺旋槽内的切屑；④钻头切削刃的冷却和润滑。

（三）固定循环的重复

L 和 K 地址：在一些 CNC 控制器中用 L 或 K 地址来表示循环的重复次数。

用 K 时一般以增量方式（G91），以 X、Y 指令第一个孔位，然后可对等间距的相同孔进行重复钻削；若用 G90 时，则在相同的位置重复钻孔，显然这并没有什么意义。

例：如图 6-10（b）所示，要用 T01——$\phi 4$ 中心孔钻在一条直线上打引四个引正孔，四个引正孔坐标分别为（$X-30.0, Y0.0$）、（$X-10, Y0.0$）、（$X10, Y0.0$）、（$X30, Y0.0$），孔深都为 -9。

由于相邻孔 X 值之间的增量为 20，在程序段 N30 中采用增量模式，并利用重复次数 L 或 K 的功能，便可显著缩短 CNC 程序。在多孔加工模式中，采用这种方法是非常有效的。

第三节　钻孔、扩孔、锪孔加工工艺

一、实体上钻孔加工

用钻头在实体材料上加工孔的方法，称为钻孔。钻削时，工件固定，钻头安装在主轴上做旋转运动（主运动），钻头沿轴线方向移动（进给运动）。在实体上钻孔刀具有普通麻花钻、可转位硬质合金刀片钻头及扁钻等。

（一）实体上钻孔加工刀具

1. 麻花钻

麻花钻是一种使用量很大的孔加工刀具。钻头主要用来钻孔，也可用来扩孔。

麻花钻如图 6-11（a）所示，柄部用于装夹钻头和传递扭矩，有莫氏锥柄和圆柱柄两种，工作部分进行切削和导向。麻花钻导向部分起导向、修光、排屑和输送切削液作用，也是切削部分的后备。如图 6-11（d）所示，麻花钻的切削部分有两个主切削刃、两个副切削刃和一个横刃。两个螺旋槽是切屑流经的表面，为前刀面；与孔底相对的端部两曲面为主后刀面；与孔壁相对的两条刃带为副后刀面。

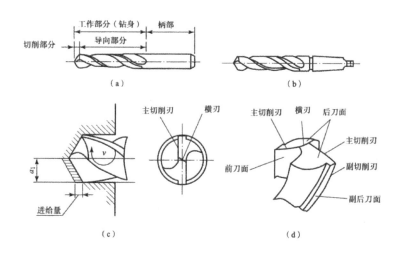

（a）圆柱柄；（b）锥柄；（c）钻削用量；（d）钻头各部分

图 6-11　麻花钻

麻花钻的材料是高速钢，材料特性是红硬度低、强度高，但两个较深的螺旋槽又影响刀具的强度。因为麻花钻红硬度低，钻削时切削速度要慢一些，同时注意充分冷却。

麻花钻悬伸量越大，刚度越低，为了提高麻花钻钻头刚性，应尽量选用较短的钻头，但麻花钻的工作部分应大于孔深，以便排屑和输送切削液。

2. 钻引正孔刀具

在加工中心上钻孔，因无夹具钻模导向，受两切削刃上切削力不对称的影响，容易引起钻孔偏斜，因此，一般钻深控制在直径的 5 倍左右。一般在用麻花钻钻削用中心钻，或刚性好的短钻头，打引正孔，用以确定孔中心的起始位置，并引正钻头，保证 Z 向切削的正确性。

如图 6-12 所示为常用于钻削引正孔的刀具，图（a）是中心孔钻头，图（b）刀尖角为一定角度的点钻，图（c）是球头铣刀，球头面上具有延伸到中心的切削刃。引正孔钻到指定深度后，不宜直接抬刀，而应有孔底暂停的动作，对引导面进行修磨（常常用 G82 循环加工引正孔）。

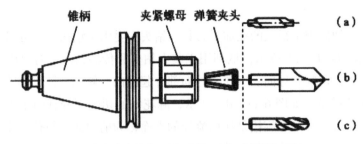

（a）中心钻头；（b）点钻；（c）球头铣刀

图 6-12　钻引正孔刀具

3. 供应冷却液的钻头

在实体材料上加工孔时，钻头处于封闭的状态下进行切削，传热、散热困难，为此，一些钻削刀具设计成钻头切削部为耐高温的硬质合金，并且钻头设计有一个或两个从刀柄通向切削点的孔，供应冷却液，钻头工作时，压缩空气、油或切削液要流入钻头。钻深孔时这种钻头特别有用。供应冷却液的钻头，如图 6-13（a）所示。

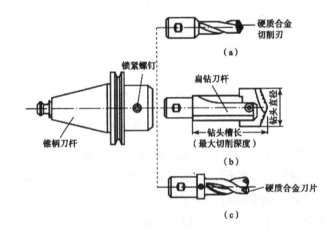

（a）供应冷却液的钻头；（b）装配式扁钻；（c）可转位硬质合金刀片钻头

图 6-13　供应冷却液的钻头、扁钻、可转位硬质合金刀片钻头图

4. 扁钻

扁钻由于结构简单、刚性好、制造成本低，近年来在自动线及数控机床上也得到广泛应用。整体式扁钻主要用于加工浅孔，特别是加工 ϕ 0.03 ～ 0.5mm 的微孔。

装配式扁钻，如图 6-13（b）所示，由两部分组成：扁钻刀杆和用螺钉安装到刀杆的扁钻刀片，用于加工大尺寸的浅孔。一般来说，当钻直径超过 25mm 的浅孔时，装配式扁钻要比麻花钻更具优势，加工出的孔精度会更高，往往通过一次进给就加工出孔。

扁钻加工通常需要有高压冷却系统，用于冷却和冲屑。扁钻的钻孔深度受到一定的限制，不适合用于较深孔的加工，这是因为扁钻上没有用于排屑的螺旋槽。

5. 可转位硬质合金刀片钻头

如图 6-13（c）所示为可转位硬质合金刀片钻头，是 CNC 钻孔技术新发展。用可转位硬质合金刀片钻头来代替高速钢麻花钻，其钻孔速度要比高速钢麻花钻的钻孔速度高很多，可转位硬质合金刀片钻头还允许加工较硬的材料。用可转位硬质合金刀片钻头在实体工件上钻孔，加工孔的长径比宜控制在 4：1 以内，适用于钻直径为 16 ~ 80mm 的孔。

（二）实体上钻孔加工特点、方法

在实体材料上加工孔时，钻头是在半封闭的状态下进行切削的，散热困难，切削温度较高，排屑又很困难。同时切削量大，需要较大的钻削力，钻孔会产生振动，容易造成钻头磨损，因此孔加工精度较低。

在工件实体钻孔，一般先加工孔口平面，再加工孔，刀具在加工过的平面上定位，稳定可靠，孔加工的编程数据容易确定，并能减小钻孔时轴线歪斜程度。

在加工中心上，用麻花钻钻削前，要先打引正孔，避免两切削刃上切削力不对称的影响，防止钻孔偏斜。

对钻削直径较大的孔和精度要求较高的孔，宜先用较小的钻头钻孔至所需深度 Z，再用较大的钻头进行钻孔，最后用所需直径的钻头进行加工，以保证孔的精度。在进行较深的孔加工时，特别要注意钻头的冷却和排屑问题，一般利用深孔钻削循环指令 G83 进行编程，可以工进一段后，钻头快速退出工件进行排屑和冷却，再工进，再进行冷却断续进行加工。

（三）选择钻削用量的原则

在实体上钻孔时，背吃刀量由钻头直径所定，所以只须选择切削深度、进给量和钻削速度。

l. 切削深度的选择

直径小于 30mm 的孔一次钻出；直径为 30 ~ 80mm 的孔可分为两次钻削，先用 0.5 ~ 0.7D 的钻头钻底孔（D 为要求的孔径），然后用直径为 D 的钻头将孔扩大。这样可减小切削深度，减小工艺系统轴向受力，并有利于提高钻孔加工质量。

2. 进给量的选择

孔的尺寸精度及表面质量要求较高时，应取较小的进给量；钻孔较深、钻头较长、刚度和强度较差时，也应取较小的进给量。

3.钻削速度的选择

当钻头的直径和进给量确定后，钻削速度应按钻头的寿命选取合理的数值，孔深较大时，钻削条件差，应取较小的钻削速度。

（四）钻孔时的冷却和润滑

钻孔时，由于加工材料和加工要求不一，所用切削液的种类和作用也不一样。

钻孔一般属于粗加工，又是半封闭状态加工，摩擦严重，散热困难，加切削液的目的应以冷却为主。

在高强度材料上钻孔时，因钻头前刀面要承受较大的压力，要求润滑膜有足够的强度，以减少摩擦和钻削阻力。因此，可在切削液中增加硫、二硫化钼等成分，如硫化切削油。

在塑性、韧性较大的材料上钻孔，要求加强润滑作用，在切削液中可加入适当的动物油和矿物油。

孔的尺寸精度及表面质量要求较高时，应选用主要起润滑作用的切削液。

二、扩孔加工

用扩孔工具（如扩孔钻）扩大工件铸造孔和预钻孔孔径的加工方法称为扩孔。用扩孔钻扩孔，可以是为铰孔做准备，也可以是精度要求不高的孔加工的最终工序。钻孔后进行扩孔，可以校正孔的轴线偏差，使其获得较正确的几何形状与较小的表面粗糙度值。

（一）用麻花钻扩孔

如果孔径较大或孔面有一定的表面质量要求，孔不能用麻花钻在实体上一次钻出，常用直径较小的麻花钻预钻一孔，然后用修磨的大直径麻花钻进行扩孔。用麻花钻扩孔时，扩孔前的钻孔直径为所扩孔径的 50% ~ 70%。

（二）用扩孔钻扩孔

为提高扩孔的加工精度，预钻孔后，在不改变工件与机床主轴相互位置的情况下，换上专用扩孔钻进行扩孔。这样可使扩孔钻的轴心线与已钻孔的中心线重合，使切削平稳，保证加工质量。扩孔钻对已有的孔进行再加工时，其加工质量及效率优于麻花钻。

专用扩孔钻通常有 3 ~ 4 个切削刃，主切削刃短，刀体的强度和刚度好，导向性好，切削平稳。扩孔钻刀体上的容屑空间可通畅地排屑，因此可以扩盲孔。

扩孔钻的结构有高速钢整体式，如图 6-14（a）所示；镶齿套式，如图 6-14（b）所示；镶硬质合金套式，如图 6-14（c）所示。

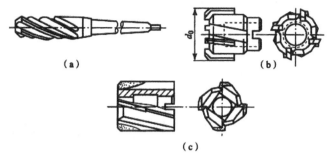

（a）高速钢整体式；（b）镶齿套式；（c）镶硬质合金套式

图 6-14 扩孔钻

（三）扩孔的余量与切削用量

扩孔的余量一般为孔径的 1/8 左右，对于小于 ϕ 25mm 的孔，扩孔余量为 1 ~ 3mm，较大的孔为 3 ~ 9mm。扩孔时的进给量大小主要受表面质量要求限制，切削速度受刀具耐用度限制。

三、锪孔加工

锪钻是用来加工各种沉头孔和锪平孔口端面的。锪钻通常通过其定位导向结构（如导向柱）来保证被锪的孔或端面与原有孔的同轴度或垂直度要求。

锪钻一般分柱形锪钻、锥形锪钻和端面锪钻三种。锪圆柱形埋头孔的锪钻称为柱形锪钻，其结构如图 6-15（a）所示。锪钻前端有导柱，导柱直径与工件已有孔为紧密的间隙配合，以保证良好的定心和导向。

锪锥形埋头孔的锪钻称为锥形钻，其结构如图 6-15（b）所示。锥形锪钻的锥角按工件锥形埋头孔的要求不同，有 60°、75°、90°、120° 四种，其中 90° 的用得最多。

专门用来锪平孔口端面的锪钻称为端面锪钻，如图 6-15（c）所示。其端面刀齿为切前刃，前端导柱用来导向定心，以保证孔端面与孔中心线的垂直度。

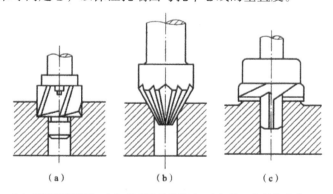

（a）柱形锪钻锪孔；（b）锥形锪钻锪锥孔；（c）端面锪钻锪孔端平面

图 6-15 锪钻的加工

镗孔时存在的主要问题是所镗的端面或锥面出现振痕。镗孔时，进给量较钻孔大，切削速度为钻孔时的 1/3 ~ 1/2。精镗时，往往用较小的主轴的转速来镗孔，以减少振动而获得光滑表面。

第四节　攻丝、铰孔、镗孔加工工艺

一、攻丝工艺

（一）攻丝加工的内容、要求

用丝锥在工件孔中切削出内螺纹的加工方法称为攻螺纹；攻丝加工的螺纹多为三角螺纹，为零件间连接结构，常用的攻丝加工的螺纹有：牙型角为 60° 的公制螺纹，也叫普通螺纹；牙型角为 55° 的英制螺纹；用于管道连接的英制管螺纹和圆锥管螺纹。本节主要涉及的攻丝加工的是公制螺纹，熟悉有关螺纹结构尺寸、技术要求的常识，是学习攻丝工艺的重要基础。

普通螺纹的基本尺寸如下：

1. 螺纹大径

$$d = D \text{（螺纹大径的基本尺寸与公称直径相同）}$$

2. 中径

$$d_2 = D_2 = d - 0.6495P$$

3. 牙型高度

$$H = 0.5413P$$

4. 螺纹小径

$$d_1 = D_1 = d - 1.0825P$$

如图 6-16 所示中 M10 ~ 7H 的螺纹，为普通右旋内螺纹。查表得螺距 $P = 1.5$，其基本尺寸如下：

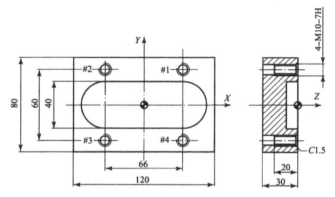

图 6-16　需要攻丝加工的工件图样

螺纹大径：$D = 10$ ；

螺纹中径：$D_2 = D - 0.6495P = 9.02$ ；

螺纹小径：$D_1 = D - 1.0825P = 8.36$ ；

中径公差带代号 7H $\begin{pmatrix} +0.224 \\ 0 \end{pmatrix}$ ；

小径公差带代号 7H $\begin{pmatrix} +0.375 \\ 0 \end{pmatrix}$ ；

牙型高度：$H = 0.5413P = 0.82$ ；

螺纹有效长度：$L = 20.0$ ；

螺纹孔口倒角：$C = 1.5$ 。

（二）丝锥及选用

丝锥是加工内螺纹的一种常用刀具，其基本结构是一个轴向开槽的外螺纹，如图 6-17 所示。

螺纹部分可分为切削锥部分和校准部分。切削锥磨出锥角，以便逐渐切去全部余量；校准部分有完整齿形，起修光、校准和导向作用。工具尾部通过夹头和标准锥柄与机床主轴锥孔连接。

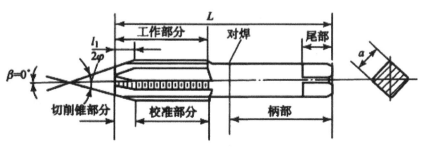

图 6-17　丝锥基本结构

攻丝加工的实质是用丝锥进行成型加工，丝锥的牙型、螺距、螺旋槽形状、倒角类型、丝锥的材料、切削的材料和刀套等因素，影响内螺纹孔加工质量。

根据丝锥倒角长度的不同，丝锥分为平底丝锥、插丝丝锥、锥形丝锥。丝锥倒角长度影响 CNC 加工中的编程深度数据。

丝锥的倒角长度可以用螺纹线数表示，锥形丝锥的常见线数为 8 ~ 10，插丝丝锥为 3 ~ 5，平底丝锥为 1 ~ 1.5。各种丝锥的倒角角度也不一样，通常锥形丝锥为 4° ~ 5°，插丝丝锥为 8° ~ 13°，平底丝锥为 25° ~ 35°。

盲孔加工通常需要使用平底丝锥，通孔加工大多数情况下选用插丝丝锥，极少数情况下也使用锥形丝锥。总的说来，倒角越长，钻孔留下的深度间隙就越大。

与不同的丝锥刀套连接，丝锥分两种类型：刚性丝锥，如图 6-18 所示；浮动丝锥（张力补偿型丝锥），如图 6-19 所示。

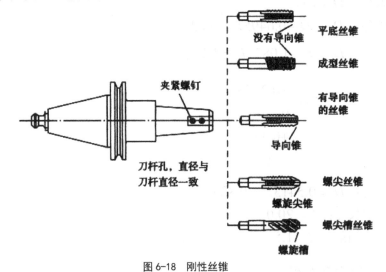

图 6-18　刚性丝锥

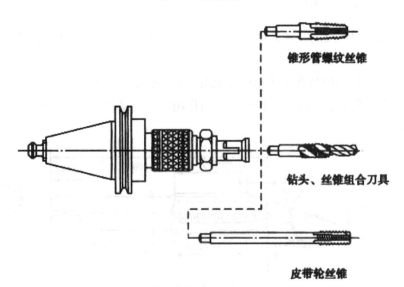

图 6-19　浮动丝锥

浮动丝锥刀套的设计给丝锥一种和手动攻丝所需的类似的"感觉"，这种类型的刀套允许丝锥在一定的范围缩进或伸出，而且浮动刀套可调扭矩，用以改变丝锥张紧力。

使用刚性丝锥则要求 CNC 机床控制器具有同步运行功能，攻丝时，必须保持丝锥导程和主轴转速之间的同步关系：进给速度 = 导程 × 转速。

除非 CNC 机床具有同步运行功能，支持刚性攻丝，否则应选用浮动丝锥，但浮动丝锥刀柄较为昂贵。

浮动丝锥攻丝时，可将进给率适当下调 5%，将有更好的攻丝效果，当给定的 Z 向进给速度略小于螺旋运动的轴向速度时，锥丝切入孔中几牙后，丝锥将被螺旋运动向下引拉到攻丝深度，有利于保护浮动丝锥，一般攻丝刀套的拉伸要比刀套的压缩更为灵活。

数控机床有时还使用一种叫成组丝锥的刀具，其工作部分相当于 2 ~ 3 把丝锥串联起来，依次承担着粗精加工。这种结构适用于高强度、高硬度材料或大尺寸、高精度的螺纹加工。

二、铰孔加工工艺

（一）铰孔加工概述

铰孔是孔的精加工方法之一，铰孔时，铰刀从工件孔壁上切除微量金属层，以提高其尺寸精度和减小其表面粗糙度值，常用作直径不很大、硬度不是太高的工件孔的精加工，也可用于磨孔或研孔前的预加工。机铰生产率高，劳动强度小，适宜大批量生产。

铰孔加工精度可达 IT9 ~ IT7 级，表面粗糙度一般达 $Ra1.6 ~ 0.8\,\mu m$。这是出于铰孔所用的铰刀结构特殊，加工余量小，并用很低的切削速度工作的缘故。

如图 6-20 所示的工件，加工 $6 \times \phi 20H7$ 均布孔，孔面有 $Ra1.6$ 的表面质量要求，适合用铰孔方法进行孔的精加工。

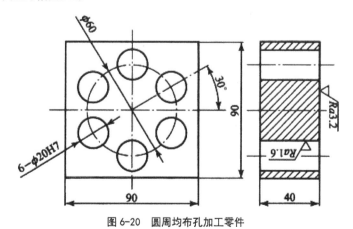

图 6-20　圆周均布孔加工零件

一般来说，对于 IT8 级精度的孔，只要铰削一次就能达到要求；IT7 级精度的孔应铰削两次，先用小于孔径 0.05 ~ 0.2mm 的铰刀粗铰一次，再用符合孔径公差的铰刀精铰一次；IT6 级精度的孔则应铰削三次。

铰孔对于纠正孔的位置误差的能力有限，因此，孔的有关位置精度应由铰孔前的预加工工序予以保证，在铰削前孔的预加工，应先进行减少和消除位置误差。比如，对于同轴度和位置公差有较高要求的孔，首先使用中心钻或点钻加工，然后钻孔，接着是粗镗，最后才由铰刀完成加工。另外，铰孔前，孔的表面粗糙度应小于 $Ra3.2\,\mu m$。

铰孔操作需要使用冷却液，以得到较好的表面质量并在加工中帮助排屑。切削中并不会产生大量的热，所以选用标准的冷却液即可。

（二）铰刀及选用

l. 铰刀结构

在加工中心上铰孔时，多采用通用的标准机用铰刀。通用标准铰刀，有直柄、锥柄和套式三种。直柄俊刀直径为 $\phi\,6\,mm \sim \phi\,20\,mm$，锥柄铰刀直径为 $\phi\,10\,mm \sim \phi\,32\,mm$，套式铰刀直径为 $\phi\,25\,mm \sim \phi\,80\,mm$。铰刀一般分 H7、H8、H9 三种精度等级，铰刀结构如图 6-21 所示。

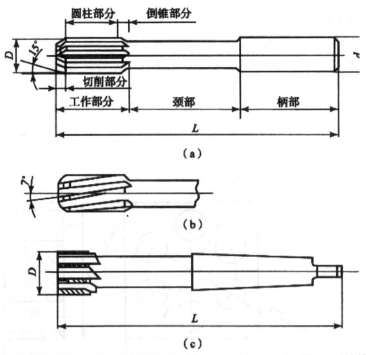

（a）直柄整体式高速钢铰刀 A 型；（b）直柄整体式高速钢铰刀 B 型；（c）锥柄硬质合金铰刀

图 6-21 铰刀结构图

铰刀刀头开始部分称为刀头倒角或"引导锥"，方便刀具进入一个没有倒角的孔。一些铰刀在刀头设计一段锥形切削刃，为刀具切削部分，承担主要的切削工作，其切削半锥角较小，一般为1°～15°，因此，铰削时定心好，切屑薄。

校准部分的作用是校正孔径、修光孔壁和导向。校准部分包括圆柱部分和倒锥部分。圆柱部分保证铰刀直径和便于测量。刀体后半部分呈倒锥形可以减小铰刀与孔壁的摩擦。

2. 铰刀直径尺寸的确定

铰孔的尺寸精度主要取决于铰刀的尺寸精度。

由于新的标准圆柱铰刀，直径上留了研磨余量，且其表面粗糙度也较差，所以在铰削IT8级精度以上的孔时，应先将铰刀的直径研磨到所需的尺寸精度。

由于铰孔后，孔径会扩张或缩小，目前对孔的扩张或缩少量尚无统一规定，一般铰刀的直径多采用经验数值：

铰刀直径的基本尺寸 = 孔的基本尺寸；

上偏差 =2/3 被加工孔的直径公差；

下偏差 =1/3 被加工孔的直径公差；

例如：铰削 $\phi 20 \text{H7} \left(\begin{matrix} +0.021 \\ 0 \end{matrix} \right)$ 的孔，则选用的铰刀直径：

铰刀基本尺寸 = ϕ 20mm

上偏差 =2/3 × 0.021mm=0.014mm

下偏差 =1/3 × 0.021mm=0.007mm

所以选用的铰刀直径尺寸为 $\phi 20^{+0.014}_{+0.007} \text{mm}$ 。

3. 铰刀齿数确定

铰刀是多刃刀具，铰刀齿数取决于孔径及加工精度，标准铰刀有4～12齿。齿数过多，刀具的制造刃磨较困难，在刀具直径一定时，刀齿的强度会降低，容屑空间小，由此造成切屑堵塞和划伤孔壁甚至崩刃；齿数过少，则铰削时的稳定性差，刀齿的切削负荷增大，且容易产生几何形状误差。

铰刀的刀齿又分为直齿和螺旋齿两种。螺旋齿铰刀带有左旋的螺旋槽，这种设计适合于加工通孔，在切削过程中左旋螺旋槽"迫使"切屑往孔底移动并进入空区。不过它不适合盲孔加工。

4. 铰刀材料确定

铰刀材料通常是高速钢、钴合金或带焊接硬质合金刀尖的硬质合金刀具。硬质合金铰刀耐磨性较好；高速钢铰刀较经济实用，但耐磨性较差。

（三）铰削用量的选用

1. 铰削余量

铰削余量是留作铰削加工的切深的大小。通常要进行铰孔余量比扩孔或镗孔的余量要小，铰削余量太大会增大切削压力而损坏铰刀，导致加工表面粗糙度很差。余量过大时可采取粗铰和精铰分开，以保证技术要求。

如果毛坯余量太小会使铰刀过早磨损，不能正常切削，也会使表面粗糙度差。

一般铰削余量为 0.1 ~ 0.25mm，对于较大直径的孔，余量不能大于 0.3mm。

建议留出铰刀直径 1% ~ 3% 大小的厚度作为铰削余量（直径值），比如，Φ 20 的铰刀加 Φ 19.6 左右的孔直径比较合适：

20 –（20 × 2/100）=19.6mm。

对于硬材料和一些航空材料，铰孔余量通常取得更小。

2. 铰孔的进给率

铰孔的进给率比钻孔要大，通常为它的 2 ~ 3 倍。取较高进给率的目的是使铰刀切削材料而不是摩擦材料。但铰孔的粗糙度 Ra 值随进给量的增加而增大。

进给量过小时，会导致刀具径向摩擦力增大，铰刀会迅速磨损引起铰刀颤动，使孔的表面变粗糙。

3. 铰孔操作的主轴转速

铰削用量各要素对铰孔的表面粗糙度均有影响，其中以铰削速度影响最大，如用高速钢铰刀铰孔，要获得较好的粗糙度 Ra0.63；对中碳钢工件来说，铰削速度不应超过 5 m/min，因为此时不易产生积屑瘤，且速度也不高；而铰削铸铁时，因切屑断为粒状，不会形成积屑瘤，故速度可以提高到 8~10 m/min。

通常铰孔的主轴转速可选为同材料上钻孔主轴转速的 2/3。例如，如果钻孔主轴转速为 500r/min，那么铰孔主轴转速定为它的 2/3 比较合理：500 × 0.660=330r/min。

（四）适合于铰孔切削循环

通常铰孔的步骤和其他操作一样。加工盲孔时，先采用钻削然后铰孔，但是在钻孔过程中必然会在孔内留下一些碎屑影响铰孔的正常操作。因此，在铰孔之前，应用 M00 停止程序，允许操作者除去所有的碎屑。

铰孔编程也需要用到固定循环。实际上并没有直接定义的铰孔循环。FANUC 控制系统中比较合适的循环为 G85，该循环可实现进给运动"进"和进给运动"出"，且两种运动的进给率相同。G85 固定循环路线如图 6-22 所示。

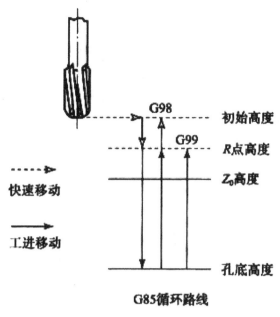

图 6-22　G85 固定循环路线

三、镗孔加工概述

（一）镗孔加工要求

镗孔是加工中心的主要加工内容之一，它能精确地保证孔系的尺寸精度和形位精度，并纠正上道工序的误差。

通过镗削上加工的圆柱孔，大多数是机器零件中的主要配合孔或支承孔，所以有较高的尺寸精度要求。一般配合孔的尺寸精度要求控制在 IT7 ～ IT8，机床主轴箱体孔的尺寸精度为 IT6，精度要求较低的孔一般控制在 IT11。

对于精度要求较高的支架类、套类零件的孔以及箱体类零件的重要孔，其形状精度应控制在孔径公差的 1/3 ～ 1/2。镗孔的孔距间误差一般控制在 ±0.025 ～ 0.06mm，两孔轴心线平行度误差控制在 0.03 ～ 0.10mm。镗削表面粗糙度一般是 $Ra1.6 ～ 0.4\mu m$。

（二）镗孔加工方法

孔的镗削加工往往要经过粗镗、半精镗、精镗工序的过程。粗镗、半精镗、精镗工序的选择，决定于所镗孔的精度要求、工件的材质及工件的具体结构等因素。

I. 粗镗

粗镗是圆柱孔镗削加工的重要工艺过程，它主要是对工件的毛坯孔（铸、锻孔）或对钻、扩后的孔进行预加工，为下一步半精镗、精镗加工达到要求奠定基础，并能及时发现毛坯的缺陷（裂纹、夹砂、砂眼等）。

粗镗后一般留单边 2 ~ 3mm 作为半精镗和精镗的余量。对于精密的箱体类工件，一般粗镗后还应安排回火或时效处理，以消除粗镗时所产生的内应力，最后再进行精镗。

由于在粗镗中采用较大的切削用量，故在粗镗中产生的切削力大、切削温度高，刀具磨损严重。为了保证粗镗的生产率及一定的镗削精度，因此，要求粗镗刀应有足够的强度，能承受较大的切削力，并有良好的抗冲击性能；粗镗要求镗刀有合适的几何角度，以减小切削力，减少对工艺系统的破坏，并有利于镗刀的散热。

2. 半精镗

半精镗是精镗的预备工序，主要是解决粗镗时残留下来的余量不均部分。对精度要求高的孔，半精镗一般分两次进行：第一次主要是去掉粗镗时留下的余量不均匀的部分；第二次是镗削余下的余量，以提高孔的尺寸精度、形状精度及减小表面粗糙度。半精镗后一般留精镗余量为 0.3 ~ 0.4mm（单边），对精度要求不高的孔，粗镗后可直接进行精镗，不必设半精镗工序。

3. 精镗

精镗是在粗镗和半精镗的基础上，用较高的切削速度、较小的进给量，切去粗镗或半精镗留下的较少余量，准确地达到图纸规定的内孔表面。粗镗后应将夹紧压板松一下，再重新进行夹紧，以减少夹紧变形对加工精度的影响。通常精镗背吃刀量大于等于 0.01mm，进给量大于等于 0.05mm/r。

四、镗刀及选用

加工中心用的镗刀，就其切削部分而言，与外圆车刀没有本质的区别，但在加工中心上进行镗孔通常是采用悬臂式的加工，因此要求镗刀有足够的刚性和较好的精度。为适应不同的切削条件，镗刀有多种类型。按镗刀的切削刃数量可分为单刃镗刀和双刃镗刀。

（一）单刃镗刀

大多数单刃镗刀制成可调结构。如图 6-23（a）（b）和（c）所示分别为用于镗削通孔、阶梯孔和盲孔的单刃镗刀，螺钉 1 用于调整尺寸，螺钉 2 起锁紧作用。单刃镗刀刚性差，切削时易引起振动，所以镗刀的主偏角选得较大，以减少径向力。上述结构通过镗刀移动来保证加工尺寸，调整麻烦，效率低，只能用于单件小批量生产。但单刃镗刀结构简单，适应性较广，因而应用广泛。

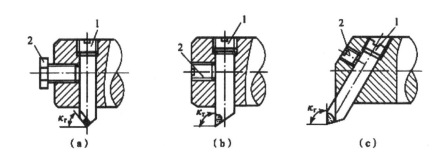

（a）通孔镗刀；（b）阶梯孔镗刀；（c）盲孔镗刀

1—调节螺钉；2—紧固螺钉

图 6-23　单刃镗刀

（二）双刃镗刀

简单的双刃镗刀就是镗刀的两端有一对对称的切削刃同时参与切削，其优点是可以消除径向力对镗杆的影响，可以用较大的切削用量，对刀杆刚度要求低，不易振动，所以切削效率高。如图 6-24 所示为广泛使用的双刃机夹镗刀，其刀片更换方便，无须重磨，易于调整，对称切削镗孔的精度较高。同时与单刃镗刀相比，每转进给量可提高一倍左右，生产率高。大直径的镗孔加工可选用可调双刃镗刀，其镗刀头部可做大范围的更换调整，最大镗孔直径可达 1000mm。

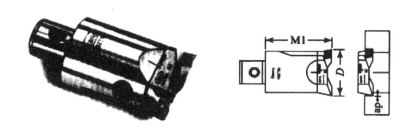

图 6-24　双刃机夹镗刀

（三）微调镗刀

加工中心常用如图 6-25 所示的精镗微调镗刀。这种镗刀的径向尺寸可以在一定范围内调整，其读数值可达 0.01mm。调整尺寸时，先松开拉紧螺钉，然后转动带刻度盘的调整螺母，待刀头调至所需尺寸，再拧紧螺钉。此种镗刀的结构比较简单，精度较高，通用性强，刚性好。

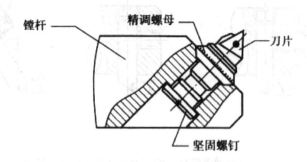

镗杆　　　　　精调螺母　　　　　刀片

坚固螺钉

图 6-25　精镗微调镗刀

第七章　数控机床的选用与维护

第一节　数控机床的选用

一、确定典型加工工件

考虑到数控机床品种多，每一种机床的性能只适用于一定的使用范围，且只有在一定的条件下，加工一定的工件才能达到最佳效果，因此，选购数控机床首先必须确定用户所要加工的典型工件。

用户在确定典型工件时，应根据添置设备技术部门的技术改造或生产发展要求，确定有哪些零件的哪些工序准备用数控机床来完成，然后采用成组技术把这些零件进行归类。在归类中往往会遇到零件的规格大小相差很多，各类零件的综合加工工时大大超过机床满负荷工时等问题。因此，就要做进一步的选择，确定比较满意的典型工件之后，再挑选适合加工的机床。

每一种加工机床都有其最佳加工的典型零件。如卧式加工中心适用于加工箱体零件——箱体、泵体、阀体和壳体等；立式加工中心适用于加工板类零件——箱盖、盖板、壳体和平面凸轮等单面加工零件。若卧式加工中心的典型零件在立式加工中心上加工，零件的多面加工则需要更换夹具和倒换工艺基准，这就会降低生产效率和加工精度；若立式加工中心的典型零件在卧式加工中心上加工则需要增加弯板夹具，这会降低工件加工工艺系统的刚性和工效。同类规格的机床，一般卧式机床的价格要比立式机床贵80% ~ 100%，所需加工费也高，所以这样加工是不经济的。然而卧式加工中心的工艺性比较广泛，据国外资料介绍，在工厂车间设备配置中，卧式机床占60% ~ 70%，而立式机床只占30% ~ 40%。

二、数控机床规格的选择

数控机床的规格应根据确定的典型工件进行选择。数控机床的最主要规格就是几个数控坐标的行程范围和主轴电动机功率。

机床的三个基本坐标（X、Y、Z）行程反映该机床允许的加工空间。一般情况下，加工件的轮廓尺寸应在机床的加工空间范围之内，如典型零件是 450mm×450mm×450mm 的箱体，那么应选取工作台面尺寸为 500mm×500mm 的加工中心。选用工作台面比典型零件稍大一些是考虑到安装夹具所需的空间。加工中心的工作台面尺寸和三个直线坐标行程都有一定的比例关系，如上述工作台为 500mm×500mm 的机床，X 轴行程一般为 700～800mm、Y 轴为 550～700mm、Z 轴为 500～600mm。因此，工作台面的大小基本确定了加工空间的大小。个别情况下工件尺寸也可以大于机床坐标行程，这时必须要求零件上的加工区处在机床的行程范围之内，而且要考虑机床工作台的允许承载能力，以及工件是否与机床换刀空间干涉及其在工作台上回转时是否与护罩附件干涉等一系列问题。

主轴电机功率反映了数控机床的切削效率，也从另一个侧面反映了机床在切削时的刚性。目前，一般加工中心都配置了功率较大的直流或交流调速电动机，可用于高速切削，但在低速切削中转矩受到一定限制，这是由于调速电动机在低转速时输出功率下降。因此，当需要加工大直径和余量很大的工件如镗削时，必须对低速转矩进行校核。在数控车床中，同一规格的高速轻载型车床与普通车床相比，主轴电动机功率可以相差数倍。这就要求用户根据自己的典型工件毛坯余量的大小、所要求的切削能力（单位时间金属切除量）、要求达到的加工精度以及能配置什么样的刀具等因素综合考虑选择机床。

对少量特殊工件，仅靠三个直线坐标加工的数控机床还不能满足要求，需要另外增加回转坐标（A、B、C）或附加坐标（U、V、W）等。这就要向机床制造厂特殊订货，目前国产的数控机床和数控系统可以实现五轴联动，但增加坐标数机床的成本会相应增加。

三、机床精度的选择

选择机床的精度等级，应根据典型零件关键部位加工精度的要求来确定。国产加工中心按精度可分为普通型和精密型两种。

定位精度和重复定位精度综合反映了该轴各运动元部件的综合精度，尤其是重复定位精度，它反映了该控制轴在行程内任意定位点的定位稳定性，是衡量该控制轴能否稳定可靠工作的基本指标。目前的数控系统软件功能比较丰富，一般都具有控制轴的螺距误差补偿功能和反向间隙补偿功能，能对进给传动链上各环节系统误差进行稳定的补偿。如丝杠的螺距误差和累积误差可以用螺距补偿功能来补偿；进给传动链的反向死区可用反向间隙补偿来消除。但这是一种理想的做法，实际造成这反向运动量损失的原因是存在驱动元部件的反向死区、传动链各环节的间隙、弹性变形和接触刚度变化等因素。其中有些误差是随机误差，它们往往随着工作台的负载大小、移动距离长短、移动定位的速度改变等反映出不同的损失运动量，这不是一个固定的电气间隙补偿值所能全部补偿的。所以，即使是经过仔细的调整补偿，还是存在单轴定位重复性误差，不可能得到很高的重复定位精度。

铣圆精度是综合评价数控机床有关数控轴的伺服跟随运动特性和数控系统插补功能的

指标。由于数控机床具有一些特殊功能,因此,在加工中等精度的典型工件时,一些大孔径、圆柱面和大圆弧面可以采用高切削性能的立铣刀铣削。测定一台机床的铣圆精度的方法是用一把精加工立铣刀铿削一个标准圆柱试件(中小型机床圆柱试件的直径一般在 200 ~ 300mm),将标准圆柱试件放到圆度仪上,测出加工圆柱的轮廓线,取其最大包络圆和最小包络圆,两者间的半径差即为其精度(一般圆轮廓曲线仅附在每台机床的精度检验单中,而机床样本仅给出铣圆精度允差)。

　　如图 7-1 所示,在整个行程内一连串定位点的定位误差包络线构成了全行程定位误差范围,也就确定了定位精度。

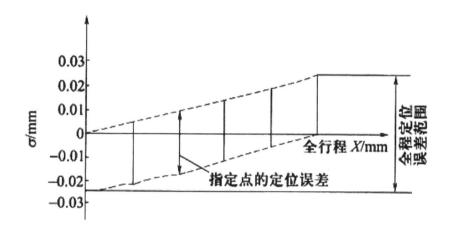

图 7-1　定位误差包络线

　　从机床的定位精度可估算出该机床在加工时的相应有关精度。如在单轴上移动加工两孔的孔距精度为单轴定位精度的 1.5 ~ 2 倍(具体误差值与工艺因素密切相关)。普通型加工中心可以批量加工出 8 级精度零件,精密型加工中心可以批量加工出 6 ~ 7 级精度零件,这些都是选择数控机床的一些基本参考因素。

　　此外,普通型数控机床进给伺服驱动机构大都采用半闭环方式,对滚珠丝杠螺母副受温度变化造成的位置伸长无法检测,因此会影响加工件的加工精度。

　　一般滚珠丝杠材料的线胀系数为 $11.2 \times 10^{-8}/K$,在机床自动连续加工时,丝杠局部温度经常有 1℃ ~ 2℃ 的变化。由于丝杠的热伸长,造成该坐标的零点和工件坐标系漂移。如工件坐标系零位取在一个行程中间点,离丝杠轴向固定端约 400mm 处,当温升 2℃ 时造成的漂移达 8.9μm。这个误差不容忽视,尤其是在一些卧式加工中心上要用转台回转 180° 加工箱体两端的孔时,会使两端孔的同心度误差加大一倍。在一些要求较高的数控机床上,对丝杠伸长端采取预拉伸的措施。这不仅可减小丝杠的热变形误差,也提高了传动链刚度,但驱动机构的成本会大大增加。

　　以上只是部分分析了数控机床几项主要精度对工件加工精度的影响,要想获得合格的加工零件,除了选取适用的机床设备外,还必须采取合理的工艺措施来解决。

四、数控系统的选择

目前数控系统的种类规格繁多，为了使数控系统与所需机床相匹配，在选择数控系统时应遵循下述几条基本原则：

1.根据数控机床类型选择相应的数控系统

一般来说，数控系统有适用于车、铣、镗、磨、冲压等加工类别，所以应有针对性地进行选择。

2.根据数控机床的设计指标选择数控系统

在可供选择的数控系统中，它们的性能高低差别很大。如日本 FANUC 公司生产的 15 型数控系统，它的最高切削进给速度可达 240m/min（当脉冲当量为 1μm 时），而该公司生产的 0 型数控系统，只能达到 24m/min，它们的价格也可相差数倍。如果设计的是一般数控机床，采用最高速度 20m/min 的数控系统就可以了。此时，如选用 15 型数控那样高水平的数控系统，显然很不合理，且会使数控机床成本大大增加。因此，不能片面地追求高水平、新系统，而应该对性能和价格等做一个综合分析，选用合适的系统。

3.根据数控机床的性能选择数控系统功能

一个数控系统具有许多功能，有的属于基本功能，即在选定的系统中原已具备的功能；有的属于选择功能，只有当用户特定选择了这些功能之后才能提供的。数控系统生产厂家对系统的定价往往是具备基本功能的系统很便宜，而具有备选择功能的却较贵。所以，对选择功能一定要根据机床性能需要来选择，如果不加分析地全选，不仅许多功能用不上，还会大幅增加产品成本。

4.订购数控系统时要考虑周全

订购时应将需要的系统功能一次订全，避免由于漏订而造成损失。如有的用户在订购数控系统时漏订螺距补偿功能、刀具偏置功能，直到联机调试时才发现。结果由于不能补增这些功能，而造成数控机床性能降级，有的甚至不能使用。

此外，在选择数控系统时，还应尽量考虑使用企业内已有数控机床中相同型号的数控系统，这将给今后的操作、编程、维修带来较大的方便。

5.机床功能和附件的选择

数控机床上除 CNC 系统外，执行机构中进给伺服电机和主轴电机是最重要部件，它是基本件，一般已由数控机床制造厂确定，用户不必重新考虑。

（1）进给驱动伺服电机的选择

目前用在数控机床上应用较多的有步进电机、直流伺服电机、交流伺服电机。步进电机价格低廉，但由于它的工作特性指标较低，如快速性能一般只能达到 6 ~ 8m/min，最小分辨力为 0.01mm，低速时容易产生振荡等，一般只用于经济型的开环伺服系统。直流伺服电机在机床上已得到广泛应用，它的价格比交流电机便宜，但跟随特性和快速特性都不如交流电机，尤其使用碳刷、整流子使其工作故障率较多。近几年来由于交流伺服电机的元器件和制造技术的发展，它在数控机床中的应用已占主流。

进给驱动伺服电机选用功率大小取决于负载条件，加在电机轴上的负载有阻尼负载和惯量负载，它们应满足下列条件：①当机床空载运行时，在整个速度范围内，加在电机轴上的负载转矩应在电机连续额定转矩范围内，即在转矩—速度特性曲线的连续工作区内；②最大负载转矩、加载周期及过载时间都应在电机特性曲线允许范围内；③电机在加速或减速过程中的转矩应在加/减速区（或间断工作区）之内；④对要求频繁启动、制动以及周期性变化的负载，必须检查它在一个周期中的转矩均方根值，并应小于电机的连续额定转矩；⑤加在电机轴上的负载惯量大小对电机的灵敏度和整个伺服系统精度将产生影响。通常，当负载惯量小于电机转子惯量时，上述影响不大，但当负载惯量达到甚至超过转子惯量的 3 倍时，会使灵敏度和响应特性受到很大影响，甚至会使伺服放大器不能在正常调节范围内工作，所以对这类惯量应避免使用。

（2）主轴电机的选择

选择主轴电机功率通常考虑如下因素：①选择的电机功率应能满足机床使用的切削功率、单位时间金属切除率、主轴低速时的最大转矩等要求；②根据要求的主轴加/减速时间计算出的电机功率不应超过电机的最大输出功率；③在要求主轴频繁启动、制动的场合，必须计算出平均功率，其值不能超过电机连续额定输出功率；④在要求有恒速控制的场合，则恒速所需的切削功率和加速所需功率之和应在电机能够提供的功率范围之内。

在选购数控机床时，除了认真考虑它应具备的基本功能和基本件外，还应选一些选择件、选择功能及附件。选择的基本原则是全面配置、长远综合考虑。

对一些价格增加不多，但给使用带来很多方便的附件，应尽可能配置齐全，保证机床到厂后能立即投入使用。切忌将几十万元购买来的一台机床，到用户厂后因缺少一个几十元或几百元的附件而长期不能使用。对可以多台机床合用的附件（如数控系统输入输出装置等），只要接口通用，应多台机床合用，这样可减少投资。某些功能的选择应进行综合比较，以经济实用为目的。例如，现代数控系统都有一些随机程序编制、动态图形显示、人机对话程序编制等功能，这些确实会给在机床上快速程序编制带来很大方便，但费用也相应增加很多。而且在程序编制时，整个数控系统和整台机床的加工受到影响，必然造成一定的占机程序编制工时。这时，就要与选用单独自动编程器做机外程序编制进行投资综合比较。近年来，在质量保证措施上也发展了许多附件，如自动测量装置、接触式测头、刀具磨损和破损检测等附件。这些附件的选用原则是要求保证其性能可靠，不追求新颖。

对一些次要的附件，如冷却、防护和排屑装置等，使用中有相当部分故障来自这些环节。早期的加工中心切削液喷管只有一根，防护仅靠几块挡板，而今的加工中心切削液喷射是多头淋浴式，防护则采用高密封防护罩。这不仅能适应工件长短不一、高速加工时能及时带走切削热，而且大量切削液冲屑方式可以更快地带走热量和切屑。因此，要选择与生产能力相适应的冷却、防护及排屑装置。另外，为了保证数控设备在南方地区高温环境（38℃~40℃）下可靠地工作，电气柜中半导体元器件靠自然通风已不能进行有效的工作，给电气柜配置电气柜空调机也成了必不可少的附件，否则，数控机床故障将频繁发生。

6.数控刀具系统的选择

（1）自动换刀装置的选择

自动换刀装置（ATC）是加工中心、车削中心和带交换冲头数控冲床的基本特征，尤其是加工中心，它的工作质量直接关系到整机的质量。ATC装置的投资往往占整机的30%~50%。因此，用户十分重视ATC的质量和刀库储存量。ATC的工作质量主要表现为换刀时间和故障率。

现场经验表明，加工中心故障中有50%以上与ATC有关。因此，用户应在满足使用要求的前提下，尽量选用结构简单和可靠性高的ATC，这样也可以相应降低整机的价格。

ATC刀库中储存刀具的数量，有十几把到40、60、100把不等，一些柔性加工单元（FMC）配置中央刀库后刀具储存量可以达到近千把。如果选用的加工中心不准备用于柔性加工单元或柔性制造系统（FMS）中，一般刀库容量不宜选得太大，因为容量大，刀库成本高，结构复杂，故障率也相应增加，刀具的管理也相应复杂化。

有一些新的机床用户往往把刀库作为一个车间的工具室来对待，在更换不同工件时想用什么刀具就从刀库里取出，而这些工具又必须是人工实现准备好后装到刀库中去的。这样的使用方法如果没有丰富的刀库工具自动管理功能，对操作者反而是一种沉重的负担。例如，在单台加工中心使用中，当更换一种新的工件时，操作者要根据新的工艺资料对刀库进行一次清理。刀库中无关的刀具越多，整理工作也就越大，也越容易出现人为的差错。所以，用户一般应根据典型工件的工艺分析算出要用的刀具数来确定刀库的容量。一般加工中心的刀库只考虑能满足一种工件一次装夹所需的全部刀具（一个独立的加工程序所需要的全部刀具），再略放一定的余量。

立式加工中心选用20把左右刀具的刀库，卧式加工中心选用40把左右刀具刀库基本上能满足要求。对一些复杂工件，如果考虑一次完成全部加工内容则所需刀具数会超过刀库容量，但在全面综合考虑工艺因素后，又往往会把每个加工程序内容减少。例如，粗加工后插入消除内应力的热处理工序，工件装夹中倒换工艺基准，粗精加工为保证精度分两道程序来进行等，这样把一个复杂工件分为两个或三个加工程序进行加工，每个程序实际所需刀具数就不一定超过40把。近年来，数控加工工艺发展很快，复合加工工艺广泛应用，凡是年产批量超过几千个零件的，采用专用的多刀多刃刀具是合算的，所以在数控刀柄制造中，复合刀具、多轴小动力头等多轴多刀工具发展很快，合理采用这些刀具后无形中就增加了刀库的容量。此外，编制一次加工使用 50 把以上刀具的加工程序，对编程人员、试切操作者、夹具设计的要求均较高，调试中重复修改工作量大，调试所用工时也会成倍增加。

在数控车床和车削中心一类数控机床中，最简易的数控车床只能放四把刀具，复杂的车削中心可以配置车刀、固定刀具、回转刀具等几十种，但一般回转类车削工件用于几种刀具加工已足够。动力回转刀具在车削中心配置是很昂贵的，而且生产率并不高，所以在工艺安排时要妥善处理。一般情况下，双刀架具有几十种刀具的车削中心，用于多品种、小批量复杂零件加工，而对于中大批量生产，工序内容不是太多，而要求高生产率、低成本时，这类车削中心配置动力回转刀具就不合算了。

（2）加工工具的选择

在数控机床的主机和 ATC 装置选定以后，就该考虑数控机床所使用的加工工具（刀柄和刃具）。目前大多数的数控机床使用工具已趋向标准化、系列化，其中，以加工中心用的标准最完善，而且已进入标准化工业生产，所以选用是较方便的，其他也类似。目前加工中心使用的工具系统，世界各工业国家都有相应标准系列，我国也有成都工具研究所制定的 TSG 工具系统刀柄，其基本要求遵守 ISO 标准。

加工中心工具的选择包含刀柄和刃具的选择，加工中心的特点是自动交换、选择、储存刀具。用于加工切削的刃具是各式各样的，为了把这些刃具能装到主轴上、能在刀库中储存、能被搬运工具(机械手夹持)搬运，需要一套连接过渡接杆，即加工中心用的刀柄。选择刀柄时应注意以下三方面内容：

第一，在工具系统中大部分刀柄是不带刃具的，它们只是一个过渡连接杆，必须配置相应的刃具（如立铣刀、钻头、镗刀、丝锥等）和附件工具（如钻夹头、弹簧片头和丝锥夹头、各式扳手等）。

第二，目前数控机床市场提供成套刀柄系统的厂家、公司也很多，每个厂家、公司的系列产品都有几十种以上，用户如果无目地配置将占用很多资金，而且也很难配齐，建议用户根据已确定的典型零件的工艺卡片来选择。现在国内一些新的数控机床用户对刀具情况不太熟悉，一时很难配置齐全合适的刀具。而且目前国内制造厂家和国外公司在国内推销的产品达数十家，其价格、质量相差不少，所以新用户应多收集一些样本进行对比，找订购数控机床的服务部门或有经验的用户咨询。另外，也可采取分阶段选购刀柄。目前市场上刀柄供货周期一般为 2 ~ 3 个月，相比数控机床供货周期较短，而且一般通用刀柄都有现货，所以可以采用一边试用，一边再继续购买的方法。

第三，数控机床用的刀柄目前主要分为整体式刀柄、模块式刀柄和复合刀柄。复合刀柄是根据具体对象设计制造的专用刀柄，整体式和模块式两类刀柄都已标准化、系列化。在确定数控主机设备后，对刀柄系统配置应有基本考虑。同一台机床上混合使用两种不同系列的刀柄不合算，也不好管理。与整体式刀柄相比，模块式刀柄系列初期投资大，但适应变化能力强（必须具备一定数量），所以选用模块式刀柄，必须按一个小的工具系统来考虑才有意义，若使用单个刀柄肯定是不合算的。例如工艺要求镗一个 Φ60 的孔，购买一根普通镗刀杆需 800 元，而采用模块式刀柄则必须备一根柄部、一根接杆、一个刃部，按现有价格就需 1500 元以上。如果机床刀库的容量是 30 把刀柄，准备配置 100 套整体式刀柄，若配置模块式刀柄，只要配置 30 个柄部、50～60 个接杆、70～80 个刃部，就能满足需要，而且还具有更大的灵活性，便于实现计算机管理。但对一些长期反复使用，不需要重新拼装的简单刀柄，如钻夹头刀柄等，配置普通刀柄是合算的。

对一些批量较大，年产达几千件到上万件，又反复加工的典型零件，考虑配置复合加工刀具是可行的。尽管复合刀柄要比标准刀柄贵 3～10 倍，但一般一个复合刀柄可以替代 3～5 个普通刀柄，把多道工序合并一道工序，由一把复合刀具来完成，大大减少了机加工时间。加工一批工件只要能节省几十个工时，就值得考虑采用复合刀具。

（3）刀具预调仪的选择

为了提高数控机床开动率，刀具的准备工作尽量不占用机床工时是必要的。把刀具的径向尺寸和轴向尺寸调整测量工作预先在刀具预调仪上完成，即把占用几十万元一台数控设备的工作转到占用几万元一台的刀具预调仪上完成。目前国内已有多家工厂生产各种等级的预调仪。测量装置有光学的、光栅或感应同步器等。近年发展起来的带计算机管理的预调仪，配置刀具管理软件，在刀柄上配置磁卡一类编码载体，就能对一台数控设备或一个数控工段的刀具系统进行有效管理。

刀具预调仪又分车刀预调仪、加工中心刀柄预调仪、综合刀具预调仪（可以适应调整多种刀具）。刀具预调仪安装刀柄的主轴锥孔规格也要对应于所配置数控机床的主轴规格，这样测量出的刀具径向、轴向尺寸才可以直接送入数控系统修正参数。

刀具预调仪（对刀仪）精度分普通级和精密级。精密对刀仪精度可以达到 0.001mm 左右，对这种精度要求应与整个刀具系统各相关环节综合考虑匹配。目前，一般精密对刀仪在测量时都采用非接触测量，在大倍率的光屏投影上测量刀尖成影图像，此时是刀尖不承受切削力的静态效果。如果测定的是镗刀精度，它并不表示加工出的孔能达到此精度，经验表明，实际加工出的孔径比预调值小，根据刀刃的锋利情况及工件材质不同，一般变化 0.01～0.02mm。同一把刀具在机床主轴上装卸的重复定位误差也可能达到 0.005～0.008mm（普通级精度机床）。如在实际加工中要控制 0.01mm 左右孔径公差，则还需要通过试切削后现场修调刀具，因此，对刀具预调仪的精度不一定追求过高。为了提高预调仪利用率，最好是一台设备为多台机床服务。

7. 技术服务

数控机床要得到合理使用，发挥其技术和经济效益，仅有一台好的机床是不够的，还必须有好的技术服务。对一些新的用户来说，最困难的不是设备，而是缺乏一支高素质的技术队伍。因此，新用户在选择设备时就应考虑到对这些设备的操作、程序编制、机械和电气维修人员的培养。

当前，各机床制造厂已普遍重视产品的售前、售后服务，协助用户对典型工件做工艺分析，进行加工可行性工艺试验以及承担成套技术服务，包括工艺装备设计、程序编制、安装调试、试切工件，直到全面投入生产。最普遍的是对电气维修人员、程序编制人员和操作人员进行培训和技术实习，帮助用户掌握设备使用。总之，凡重视技术队伍的建设，重视职工素质的提高，数控机床就能得到合理的使用。

第二节　数控机床的安装调试与验收

一、数控机床的安装调试

数控机床的安装调试是数控机床前期管理的重要环节，其工作质量的优劣直接影响到机床性能是否能较好地发挥，因此，必须严格按机床制造厂提供的说明书以及有关标准进行。

（一）机床就位准备

在机床到达之前应根据制造厂提供的机床安装地基图、安装技术要求及整机用电电量等有关接机准备工作的资料做好机床安装基础，在安装地脚螺栓的部位做好预留孔。一般小型数控机床，只对地坪有一定要求，不用地脚螺栓紧固，只用支钉来调整机床的水平。而中、大型机床（或精密机床）一般都需要做地基，并用地脚螺栓紧固，精密机床还需要在地基周围做防振沟。

电网电压的波动应控制在 +15% ~ -10% 之间，否则应调整电网电压或配置交流稳压器。数控机床应远离各种干扰源，如电焊机、中高频热处理设备和一些高压或大电流易产生火花的设备。另外，机床不要安装在太阳能够直射到的地方，其环境温度应符合说明书规定，绝对不能安装在有粉尘产生的车间里。

（二）机床的组装

机床拆箱后，首先找到随机的文件资料，按照其中装箱单清点各包装箱内零部件、电缆、资料等是否齐全、相符，同时进行外观的检查。将机床各个部件在地基上分别就位，使垫铁、调整垫板、地脚螺栓相应对号入座，并找正安装水平的基准面。组装前应先清除导轨、滑动面及各运动面上的防锈涂料，并涂上一层薄润滑油。然后再把机床各部件按图样分别安装到主机上，如立柱安装到床身上，刀库机械手安装到立柱上，数控电气柜、交换工作台等按要求就位。对有精度要求的部件在组装过程中随时按精度要求找正。并注意组装时使用原来的定位销、定位块等定位元件，以保证下一步精度调整的顺利进行。

主机装好后即可连接油管、气管等。可按出厂前管端头的标记——对号入座，连接时要注意清洁工作和可靠的接触及密封，特别要防止异物从接口处进入管路。否则在试车时，尤其在一些大的分油器上若有一根管子渗漏油，往往需要拆下一批管子，返修工作量很大。

（三）数控系统的电缆连接

这主要是指数控装置、强电控制柜与机床操作台、CRT/MDI 单元、进给伺服电动机和主轴电动机动力线、反馈信号线的连线以及与手脉等各辅助装置之间的连接，最后还包括数控柜电源变压器输入电缆的连接。这些连接必须符合随机提供的连接手册的规定。连接前应仔细检查电缆插头、插座在运输中是否有碰坏和有油污灰尘等脏物侵入，数控柜和电气柜内各接头和接插件等是否松动，接触是否良好，并将各插头及各接插件逐一插紧。

另外，数控机床接地线的连接十分重要，良好的接地不仅对设备和人身安全起着重要作用，同时也能减少电气干扰，保证机床的正常运行。机床生产厂家对接地的要求都有明确规定，一般都采用辐射式接地法，即数控柜中的信号地与强电地、机床地等连接到公共接地点上，公共接地点再与大地连接。数控柜与强电柜之间的接地电缆要足够粗，一般要求截面积在 6mm^2 以上。而总的公共接地点必须与大地接触良好，接地电阻要求小于 4 ~ 7Ω。

连接数控柜电源变压器原边的输入电缆时，应在切断数控柜电源开关的情况下进行。检查电源变压器和伺服变压器的绕组抽头连接是否正确，对于进口数控机床，连接时必须注意与当地供电制式保持一致。

（四）通电试车前的检查

1.检查直流电源输出端是否正常

数控系统内部的直流稳压单元为系统提供所需的 +5V、± 15V、± 24V 等直流电压，系统通电前，应用万用表检查其输出端有无短路或对地短路现象。

2.检查短接棒的设定

数控系统的印制线路板上有许多用短接棒短路的设定点，用以适应各种型号机床的不同要求。对于整机购入的数控机床，一般情况机床制造厂已经设定好，但由于运输等，仍须检查确认。而对于单独购进的数控系统，用户必须根据所配机床的需要按随机维修说明书自行设定和确认。设定确认的内容随数控系统而异，一般有以下三方面。

（1）确认控制部分印制线路板上的设定

主要确认主板、ROM 板、连接单元、附加轴控制板以及旋转变压器或感应同步器控制板上的设定。这些设定与机床返回参考点的方法、速度反馈用检测元件、检测增益调节及分度精度调节等有关。

（2）确认速度控制单元印制线路板上的设定

在直流速度控制单元和交流速度控制单元上都有许多设定点，用于选择检测元件种类、回路增益以及各种报警等。

（3）确认主轴控制单元印制线路板上的设定

无论是直流还是交流主轴控制单元上，均有一些用于选择主轴电机电流极限和主轴转速等的设定点，但数字式交流主轴控制单元上已用数字设定代替短路棒设定，故只能在通电时才能进行设定和确认。

3. 检查各熔断器

除供电主线路上有熔断器外，几乎每一块电路板或电路单元都装有熔断器。当超负荷、外电压过高或负载端发生意外短路时，熔断器能马上被熔断而切断电源，起到保护设备的作用。所以，一定要检查熔断器的质量和规格是否符合要求。

4. 确认各部件机械位置

通电前须逐一检查机床工作台、主轴及各辅助装置等各部件的相对位置是否合适，以防通电时发生碰撞与干涉，必要时应手动做适当调整。

5. 检查油、气路

检查各油箱、过滤器是否完好。根据机床说明书要求，给机床润滑油箱与润滑点灌注规定的油液和油脂，清洗液压油箱及过滤器，灌入规定标号的液压油。对采用气压系统的机床还须接通符合要求的气源。

（五）通电试车

通电试车时应先对各部件分别通电试验，待正确无误后再进行整机总体通电。

1. 确认电源相序

切断各分路空气开关或熔断器，合通机床总开关，检查输入电源相序正确与否。可用相序表法或示波器法测量判断，特别是伺服驱动采用晶闸管控制的电器，如相序不符，一通电就会烧断熔丝，甚至造成器件损坏。

2. 接通强电柜交流电源

对机床上的各交流电动机如电控柜内冷却风扇、液压泵电动机、冷却泵电动机等逐一分别接通电源，观察电动机转向是否正确、有无异常声响等。对液压系统还须观察各测量点上的油压是否正常，手控各个液压驱动部件，并检查其运动是否正常。

3. 接通直流电源

检查测量各直流电源是否正常，其偏差值是否超出其允许范围。如 +5V（允差 ±5%）、±24V（允差 ±10%）、±15V（允差 ±5%）。

4. 数控装置供电

在第一次接通数控系统电源前，应先暂时切断伺服驱动电源，NC 装置通电后，先观察 CRT 上显示数据及有无报警信息，并检查数控装置内有关指示灯等信号是否正常，是否有异常气味等。目前的数控系统一般都有自诊断功能，若有故障会自动显示报警信息，此时可先按复位键，看报警是否能消除，如不能消除就应按报警号及相关信息进行分析、排除。

5. 核对数控系统参数

确认数控装置工作基本正常后，可开始对各项参数进行检查、确认和设定，并做必要记录。为了满足各类机床不同规格型号的要求，数控系统的许多参数是设计成可变动的，用户可以根据不同控制要求和实际情况来设定，以使机床具有最佳工作性能状态。

数控机床出厂时，一般随机床附有一份参数表，必须妥善保存。当进行机床维修，特别是当系统中发生参数丢失或错乱，需要恢复机床性能时，它是必不可少的依据。对于整机购进的数控机床各种参数已在出厂前设定好，但调试时有必要进行一次核对。

6. 伺服系统通电

经数控系统参数核对，检查无误后，可接通伺服系统电源，一开始应做好随时按急停准备，以防"飞车"等事故，并观察 CRT 上有无报警信号，检查伺服驱动控制线路板上的信号指示灯是否正常，有无异常气味等。

7. 手动操作

确认伺服系统供电一切正常后，可进行手动操作各机床坐标轴，可用电手轮、连续进给、增量进给、回参考点等各功能方式进行操作，测试各坐标轴运动是否正常，如运动方向、回机床参考点开关是否正常，运动有无爬行现象，检查各轴运动极限的软件限位和硬件限位工作是否起作用等。

8. 主轴与辅助装置通电

接通主轴驱动系统电源，检查主轴正、反转，停止以及调速等是否正常。接通各辅助装置电源，逐项试运行并检查，如换刀动作、工作台回转动作是否正常，外设工作是否正常，还有工件夹紧和放松、集中润滑装置、排屑装置等是否都一切正常。

9. 空运行及有关性能试验

通过运行调试程序，使机床各部分动作逐项进行，观察各动作及性能是否均正常。

待以上试验基本正常，无重大问题时，即可用水泥灌注主机和各部件的地脚螺栓，等水泥完全固化后，再进行机床几何精度调整和带负荷切削。

（六）机床几何精度的调整

已干固的机床地基上，用地脚螺栓和垫铁反复精调机床主床身的水平，使其各坐标轴在全行程上的平行度均在允许范围之内。使用的观测工具有精密水平仪、标准方尺、平尺、平行光管等。调整时以调整垫铁为主，必要时可稍微改变导轨上的镶条和预紧滚轮等。

对于加工中心，还必须调整机械手与主轴、刀库的相对位置，以及托板与交换工作台面的相对位置，以保证换刀和交换工作台时准确、平稳、可靠。调整的方法与要求如下：

1. 调整机械手与主轴、刀库的相对位置

用程序指令使机床自动运行到换刀位置，再用手动方式分步进行刀具交换，检查抓刀、装刀、拔刀等动作是否准确恰当，如有误差，可以调整机械手的行程或移动机械手支座或刀库位置等，必要时还可以修改换刀点的位置（改变数控系统内的参数设定）。调整完毕后紧固各调整螺钉及刀库地脚螺栓，然后进行多次从刀库到主轴的往复自动交换，最好使用几把接近允许最大重量的刀柄，进行反复换刀试验，要求达到动作准确无误，不撞击，不掉刀。

2. 调整托板与交换工作台面的相对位置

对于带 APC 交换工作台的机床，要把工作台运动到交换位置，调整工作台的托板与交换工作台面的相对位置，以保证工作台自动交换时平稳、可靠。调整时工作台上应装有50% 以上的额定负载，最终达到正确无误后紧固各有关螺钉。

（七）带负荷试运行

数控机床在安装调试后，应在一定负荷下进行较长一段时间的自动运行以全面检查机床功能及工作可靠性。自动运行使用的程序称为考机程序，考机程序可以用机床生产厂家的也可以自行编制。但考机程序必须包括控制系统的主要功能，如主要的 G 指令、M 指令、换刀指令，工作台交换指令，主轴的最高最低和常用转速、坐标轴的快速和常用进给速度。另外，运行时刀库上应装满刀柄，工作台上应固定一定的负荷。在自动连续运转期间，除操作失误外不应发生任何故障，如出现故障经排除后，应重新调整后再次从头进行运转考验。

对于一些小型数控机床，整体刚性好，对地基要求也不高，机床到位安装后也不必再组装连接，一般只要接上电源，调整床身水平后就可进行通电试运行、验收工作。

二、数控机床的验收

一台数控机床全部检测验收工作是一项复杂的工作，对试验检测手段及技术要求也很高。它需要使用各种高精度仪器，对机床的机、电、液、气等各部分及整机进行综合性能及单项性能的检测，包括进行刚度和热变形等一系列机床试验，最后得出对该机床的综合评价。这项工作目前在国内还必须由国家指定的几个机床检测中心进行，才能得出权威性的结论意见。因此，这一类验收工作只适合于新型机床样机和行业产品评比检验。

对一般的数控机床用户，其机床验收工作主要根据机床出厂合格证上规定的验收条件及用户实际能提供的检测手段来测定机床合格证上各项技术指标。如果各项数据都符合要求，用户应将此数据列入该设备进厂的原始技术档案中，以作为日后维修时的技术指标依据。

机床验收一般可分为开箱检验、外观检查、机床性能及数控功能验证、精度检验等几个环节进行。开箱检验主要是按装箱单逐项检点验收，如发现有缺件或型号规格不符应记录在案，并及时与供货单位或商检部门联系等。外观检查主要看油漆质量以及防护罩、机床照明、切屑处理、电线和气、油管走线固定防护等设备有无遭受碰撞损伤、变形、受潮及锈蚀等明显缺陷。机床性能及数控功能验证主要在前述调试、试运行过程中进行。机床验收的最后一个环节是精度检验，主要分为几何精度检验、定位精度检验和切削精度检验三项。

（一）数控机床的几何精度检验

数控机床的几何精度是综合反映该机床的各关键零部件及其组装后的几何形状误差，其检测使用的工具、方法和内容与普通机床基本相似，但检测要求更高，一般按机床几何精度检验单逐项进行。

以立式加工中心为例，第一类精度要求是对机床各运动大部件如床身、立柱、工作台、主轴箱等运动的直线度、平行度、垂直度的要求；第二类是对执行切削运动主要部件主轴的自身回转精度及直线运动精度（切削运动中进刀）的要求。因此，这些几何精度综合反映了该机床的机床坐标系的几何精度和代表切削运动的部件主轴在机床坐标系上的几何精度。工作台面及台面上 T 形槽相对机床坐标系的几何精度要求是反映数控机床加工中的工件坐标系对机床坐标系的几何关系，因为工作台面及定位基准 T 形槽都是工件定位或工件夹具的定位基准，加工工件用的工件坐标系往往都以此为基准。

目前，国内检测机床几何精度的常用检测工具有精密水平仪、直角尺、精密方箱、平尺、平行光管、千分表或测微仪、高精度主轴心棒及一些刚性较好的千分表杆等。每项几何精度的具体检测办法见各机床的检测条件规定，但检测工具的精度等级必须比所测的几何精度高一个等级，例如，在加工中心用平尺来检验 X 轴方向移动对工作台面的平行度，要求允差为 0.025mm/750mm，则平尺本身的直线度及上下基面平行度应在 0.01mm/750mm 以内。

每种数控机床的检测项目也略有区别，如卧式机床要比立式机床要求多几项与平面转台有关的几何精度。

在几何精度检测中必须对机床地基有严格要求，必须在地基及地脚螺栓的固定混凝土完全固化以后才能进行。精调时要把机床的主床身调到较精密的水平面，然后再精调其他几何精度。考虑到水泥基础不够稳定，一般要求在使用数个月到半年后再精调一次机床水平。有一些中小型数控机床的床身大件具有很高的刚性，可以在对地基没有特殊要求的情况下保持其几何精度，但为了长期工作的精度稳定性，还是需要调整到一个较好的机床水平，并且要求在有关垫铁都处于垫紧的状态下进行。

有一些几何精度项目是互相联系的，例如在立式加工中心检测中，如发现 Y 轴和 Z 轴方向移动的相互垂直度误差较大，则可以适当调整立柱底部床身的地脚垫铁，使立柱适当前倾或后仰，来减小这项误差。但这样也会改变主轴回转轴心线对工作台面的垂直度误差。因此，对数控机床的各项几何精度检测工作应在精调后一气呵成，不允许检测一项调整一项，否则会造成由于调整后一项几何精度而把已检测合格的前一项精度调成不合格。

在检测工作中要注意尽可能消除检测工具和检测方法的误差。例如，检测主轴回转精度时，检验心棒自身的振摆和弯曲等误差；在表架上安装千分表和测微仪时由表架刚性带来的误差；在卧式机床上使用回转测微仪时重力的影响；在测头的抬头位置和低头位置的测量数据误差等。

机床的几何精度在机床处于冷态和热态时是不同的，检测时应按国家标准的规定，即在机床稍有预热的状态下进行，所以通电以后机床各移动坐标往复运动几次，主轴以中等转速回转几分钟之后才能进行检测。

（二）数控机床的定位精度检验

数控机床的定位精度是指机床各坐标轴在数控系统控制下运动所能达到的位置精度。根据实测的各轴定位精度就可以判断出自动加工时零件所能达到的精度。

数控机床的定位精度又可以理解为机床的运行精度。普通机床由手动进给，定位精度主要决定于读数误差，而数控机床的移动是靠程序指令来实现的，故定位精度决定于数控系统和机械传动误差。机床各运动部件的运动是在数控装置的控制下完成的，各运动部件在程序指令控制下所能达到的精度直接反映加工零件所能达到的精度。

定位精度的测量一般在机床和工作台空载条件下。测量回转运动的检测工具有 360 齿精确分度的标准转台或角度多面体、高精度圆光栅及平行光管等。一般对 0°、90°、180°、270° 四个直角等分点做重点测量，要求这些点的精度较其他角度位置提高一个等级。测量直线运动的检测工具有测微仪和成组块规、标准长度刻线尺和光学读数显微镜及激光干涉仪等。按国际标准化组织的规定（ISO 标准）应以激光测量为准，但在没有激光测量仪的情况下，一般用户验收检测可采用标准尺配以光学显微镜比较测量[如图 7-2(a)

所示]，测量仪器的精度必须高于被测的精度 1 ~ 2 等级。这种检测方法的检测精度与检测技巧有关，而用激光测量[如图 7-2(b)所示]，测量精度可较标准尺检测方法提高一倍。

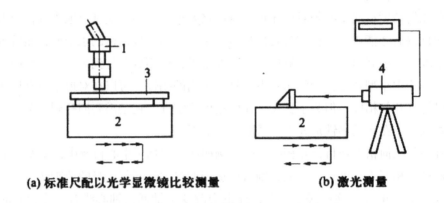

(a) 标准尺配以光学显微镜比较测量　　　　　　**(b) 激光测量**

1—光学显微镜；2—工作台；3—标准尺；4—激光干涉仪

图 7-2　直线运动定位精度检测

激光测量是利用反射镜移动时对激光束反射所产生的激光频率的多普勒频移来进行位移测量。多普勒效应是指由于波源、接收器、传播介质或中间反射器或散射体的运动，会使频率发生变化的现象。这种因多普勒效应所引起的频率变化称为多普勒偏移或频移，其频移大小与介质、波源和观察物的运动有关。

如图 7-3 所示，激光头射出的频率为 f_0，经平行反射镜反射回来到侦测器，当平行反射镜不动时，其反射波频率 $f_r = f_0$。当反射镜以 $v = \mathrm{d}x / \mathrm{d}t$（相互远离时取 "+"，相互移近时取 "-"）的速度移动时，因为光程增加（减少）了 $2vt$，反射波 f_r 的数值会减少（增加）$2v / \lambda_0$（λ_0 为激光波长），即：

$$\Delta f = f_0 - f_r = 2v / \lambda_0 = (2 / \lambda_0)\mathrm{d}x / \mathrm{d}t$$

（7-1）

而，$f = \omega / 2\pi$, 且 $\omega = \mathrm{d}\Phi / \mathrm{d}t$

故：

$$1 / 2\pi \cdot \mathrm{d}(\Delta\Phi) / \mathrm{d}t = (2 / \lambda_0)\mathrm{d}x / \mathrm{d}t$$

（7-2）

即：

$$\Delta Y = \int \theta(x) \mathrm{d}x \qquad (7\text{-}3)$$

求得：

$$N + \Delta\Phi / 2\pi = \left(2 / \lambda_0\right) x$$

$$(7\text{-}4)$$

其中，N 为上式左边积分满一周期（2π）的周数，$\Delta\Phi / 2\pi$ 则是未满一周期的余量。由式（7-4）可得：

$$x = \left(\lambda_0 / 2\right)(\Delta\Phi / 2\pi + N)$$

$$(7\text{-}5)$$

激光多普勒测量仪采用一个鉴相器，每当相位 Φ 积满一个 2π，鉴相器便输出一个增位（减位）脉冲，即式（7-5）中的 N。另外，以 0 到 15V 的模拟电压表示 $\Delta\Phi / 2\pi$ 这一项。计算鉴相器的脉冲数以及模拟电压的伏数，根据式（7-5）便可测知位移为 x。

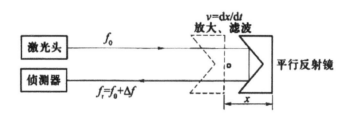

图 7-3　激光多普勒频差效应原理

近年，应用高精度双球规和平面光栅检测机床精度也逐渐推广，其优点是既可测回转运动误差、短距离的直线运动误差，也可测具有复杂轨迹的平面运动误差。

I. 双球规检测法

如图 7-4 所示，双球规由两个精密的金属圆球和一个可伸缩的连杆组成，在连杆中间镶嵌着用于检测位移的光栅尺。测量时，一个圆球通过与之只有三点接触的磁性钢座固定在工作台上，另一个圆球通过同样的装置安装在主轴上，两球之间用连杆相连接。当机床在 X–Y 平面上做圆插补运动时，固定在工作台上的圆球就绕着主轴上的圆球旋转。如果机床没有任何误差，则工作台上圆球的轨迹是没有任何畸变的真圆，光栅尺也就没有位移输出。而当工作台和滑台存在几何误差和运动误差时，工作台上的圆球所扫过的轨迹并不是真圆，该圆的畸变部分 1：1 地被光栅尺测量出来。再通过运动学建模，就可以得到各项误差分量。

图 7-4　双球规检测法

　　双球规可以同时动态测量两轴联动状态下的轮廓误差，数控机床的垂直度、重复性、间隙、各轴的伺服增益比例匹配、伺服性能和丝杠周期性误差等参数指标都能从运动轮廓的半径变化中反映出来。另外，利用加长杆还可以在更大的机床加工空间内进行测量。通常，测量周期不超过 1h。

　　2.平面光栅检测法

　　平面正交光栅法的工作原理十分简单。如图 7-5 所示，在工作台上置有直径可达 140mm 且刻画有高精度正交栅纹的平面光栅，而在主轴端部则置有读数光栅，两者的间隙约为 0.5mm。只要在平面光栅的有效工作范围内，不论按 NC 指令执行的工作台与主轴所做的相对运动是规则的圆运动、直线运动还是不规则的复杂曲线运动，都可通过安装在主轴端上的读数头及后续电路直接"读出"其运动轨迹是否精良的信号，且其经细分后的读数分辨力可读至 5nm。如果在原读数光栅上再增设一个对读数光栅和平面光栅之间的距离敏感的光学传感器，则可以测量两者之间的距离。当平面光栅在 $X–Y$ 平面上做圆运动时［如图 7-5（a）所示］，该读数光栅除了可以测量数控机床在 X 轴和 Y 轴上的位移，还可以感知它在 Z 轴上位移变化量。此法有不可替代的优点，分辨力很高，非接触测量使得测试灵活，可方便地用于空间任一平面内的运动，对相对运动速度的约束更少，同时还可以测量数控机床完成复杂轨迹时的运动精度，而不再局限在圆周运动。其既有激光干涉测量仪的功能又有双球规的作用。通过测直线获移动误差，通过测圆获转角误差。除了仪器价格较高这一点之外，该方法是当今现场运动精度诊断的首选方法。

(a) 检测 XOY 平面内的运动轨迹　　(b) 检测 XOZ 平面内的运动轨迹

图 7-5　平面光栅检测法

三、数控机床的切削精度检验

机床的切削精度检验实质上是对机床的几何精度和定位精度在切削加工条件下的一项综合考验，包括试件的材料、环境温度、刀具性能以及切削条件等各种因素造成的误差。所以，在切削试件和试件计量时，都应尽量减小这些非机床因素的影响。

影响切削精度的因素很多，为了反映机床的真实精度，要尽量排除其他因素的影响。切削试件时可参照 JB 2670 的有关条文或按机床厂规定的要求进行，如试件材料、刀具技术要求、主轴转速、切削深度、切削进给速度、环境温度以及切削前的机床空运转时间等。

如一台卧式加工中心，切削精度检验的主要内容是形状精度、位置精度及加工面的表面粗糙度。当单项定位精度有个别项目不合格时，可以以实际的切削精度为准。一般情况下，各项切削精度的实测误差值为允许误差值的 50% 是比较好的，个别关键项目能在允许误差值的 1/3 左右，可以认为此机床的该项精度是相当理想的。

第三节　数控机床的故障分析与处理

一、数控机床常见故障分类

数控机床故障发生的原因一般都比较复杂，这给故障诊断和排除带来不少困难。为了便于故障的分析和处理，可按故障部件、故障性质及故障原因等对常见故障做以下分类。

（一）主机故障与电气故障

1. 主机故障

数控机床的主机部分主要包括机械、润滑、冷却、排屑、液压、气动与防护等装置。常见的主机故障有机械安装、调试及操作使用不当等原因引起的机械传动故障与导轨运动摩擦过大故障。故障表现为传动噪声大，加工精度差，运行阻力大。例如，轴向传动链的挠性联轴器松动；齿轮、丝杠与轴承缺油；导轨塞铁调整不当；导轨润滑不良以及系统参数设置不当等原因均可造成以上故障。尤其应引起重视的是机床各部位标明的注油点（注油孔）须定时、定量加注润滑油（剂），这是机床各传动链正常运行的保证。另外，液压、润滑与气动系统的故障现象主要是管路阻塞和密封不良，因此，数控机床更应加强治理和根除三漏现象发生。

2. 电气故障

电气故障分弱电故障与强电故障。弱电部分主要指 CNC 装置、PLC 控制器、CRT 显示器以及伺服单元、输入、输出装置等电子电路，这部分又有硬件故障与软件故障之分。硬件故障主要是指上述各装置的印制线路板上的集成电路芯片、分立元件、接插件以及外部连接组件等发生的故障。常见的软件故障有加工程序出错、系统程序和参数的改变或丢失、计算机的运算出错等。强电部分是指继电器、接触器、开关、熔断器、电源变压器、电动机、电磁铁、行程开关等电气元器件及其所组成的电路。这部分的故障十分常见，必须引起足够的重视。

（二）系统性故障与随机性故障

1. 系统性故障

系统性故障，通常是指只要满足一定的条件或超过某一设定的限度，工作中的数控机床必然会发生的故障。这一类故障现象极为常见。例如，液压系统的压力值随着液压回路过滤器的阻塞而降到某一设定参数时，必然会发生液压报警使系统断电停机；润滑、冷却或液压等系统由于管路泄漏引起油标下降到使用限值必然会发生液位报警使机床停机；机床加工中因切削量过大达到某一限值时必然会发生过载或超温报警，致使系统迅速停机。因此，正确使用与精心维护是杜绝或避免这类系统性故障发生的切实保障。

2. 随机性故障

随机性故障，通常是指数控机床在同样的条件下工作时只偶然发生一次或两次的故障。由于此类故障在各种条件相同的状态下只偶然发生一两次，因此，随机性故障的原因分析与故障诊断较其他故障困难得多。一般而言，这类故障的发生往往与安装质量、组件排列、参数设定、元器件品质、操作失误与维护不当以及工作环境影响等诸因素有关。例如，接插件与连接组件因疏忽未加锁定；印刷电路板上的元器件松动变形或焊点虚脱；继电器触点、各类开关触头因污染锈蚀以及直流电机碳刷不良等所造成的接触不可靠等。另外，工作环境温度过高或过低、湿度过大、电源波动与机械振动、有害粉尘与气体污染等原因均可引发此类偶然性故障。因此，加强数控系统的维护检查、确保电气箱门的密封、严防工业粉尘及有害气体的侵袭等均可尽可能避免此类故障隐患的发生。

（三）有报警显示与无报警显示故障

1. 有报警显示故障

这类故障又可分为硬件报警显示与软件报警显示两种。

（1）硬件报警显示通常是指各单元装置上的警示灯（一般由 LED 发光管或小型指示灯组成）的指示

在数控系统中有许多用以指示故障部位的警示灯，如控制操作面板、位置控制印刷线路板、伺服控制单元、主轴单元、电源单元等部位以及光电阅读机、穿孔机等外设装置上常设有这类警示灯。一旦数控系统的这些警示灯指示故障状态后，借助相应部位上的警示灯均可大致分析判断出故障发生的部位与性质，无疑给故障分析诊断带来极大的方便。因此，维修人员日常维护和排除故障时应认真检查这些警示灯的状态是否正常。

（2）软件报警显示通常是指 CRT 显示器上显示出来的报警号和报警信息

由于数控系统具有自诊断功能，一旦检测到故障，即按故障的级别进行处理，同时在CRT 上以报警号形式显示该故障信息。这类报警显示常见的有存储器警示、过热警示、伺服系统警示、轴超程警示、程序出错警示、主轴警示、过载警示以及断线警示等。通常，少则几十种，多则上千种，这无疑为故障判断和排除提供了极大的帮助。

上述软件报警有来自 NC 的报警和来自 PLC 的报警。前者为数控部分的故障报警，可通过所显示的报警号，对照维修手册中有关 NC 故障报警及原因方面内容来确定可能产生该故障的原因。后者PLC报警显示由PLC的报警信息文本所提供，可通过所显示的报警号，对照维修手册中有关 PLC 故障报警信息、PLC 接口说明以及 PLC 程序等内容、检查 PLC 有关接口和内部继电器状态来确定该故障所产生的原因。通常，PLC 报警发生的可能性要比 NC 报警高得多。

2. 无报警显示故障

这类故障发生时无任何硬件或软件的报警显示，因此分析诊断难度较大。例如，机床通电后，在手动方式或自动方式运行 X 轴时出现爬行现象，无任何报警显示；机床在自动方式运行时突然停止，而 CRT 显示器上无任何报警显示；在运行机床某轴时发生异常声响，一般也无故障报警显示。

对于无报警显示故障，通常要具体情况具体分析，要根据故障发生的前后变化状态进行分析判断。例如，上述 X 轴在运行时出现爬行现象，可首先判断是数控部分故障还是伺服部分故障。具体做法是：在手摇脉冲进给方式中，可均匀地旋转手摇脉冲发生器，同时分别观察比较CRT显示器上 Y 轴、Z 轴与 X 轴进给数字的变化速率。通常，如数控部分正常，一个轴的上述变化速率应基本相同，从而可确定爬行故障是 X 轴的伺服部分或是机械传动所造成的。

（四）机床自身与机床外部故障

I. 机床自身故障

这类故障的发生是数控机床自身原因引起的，与外部使用环境条件无关。数控机床所发生的极大多数故障均属此类故障，但应区别有些故障并非本身而是外部原因所造成的。

2. 机床外部故障

这类故障是外部原因造成的。例如，数控机床的供电电压过低，波动过大，相序不对或三相电压不平衡；周围的环境温度过高，有害气体、潮气、粉尘侵入；外来振动和干扰，如电焊机所产生的电火花干扰等均有可能使数控机床发生故障。还有人为因素所造成的故障，如操作不当，手动进给过快造成超程报警，自动切削进给过快造成过载报警，又如操作人员不按时按量给机床机械传动系统加注润滑油，易造成传动噪声或导轨摩擦系数过大，而使工作台进给电机超载。

除上述常见故障分类外，还可按故障发生时有无破坏性来分，可分为破坏性故障和非破坏性故障；按故障发生的部位分，可分为数控装置故障、进给伺服系统故障、主轴系统故障、刀架、刀库、工作台故障等。

二、数控机床故障的常规检测方法

数控机床所用的 CNC 系统类型繁多，产生故障的原因往往比较复杂，各不相同。在出现故障后，不要急于动手盲目处理，应充分调查故障现场，如查看故障记录、向操作人员询问故障出现的全过程等。在确认通电对系统无危险的情况下，再通电亲自观察、检测，根据故障现象罗列出各种可能的因素，再逐点进行分析，排除不正确的原因，最后确定故障点。

在检测故障过程中，应充分利用数控系统的自诊断功能，如系统的开机诊断、运行诊断、PLC 的监控功能。根据需要随时检测有关部分的工作状态和接口信息，同时还应灵活应用数控系统故障检查的一些行之有效的方法。常用的检测方法有如下几种：

（一）直观法

这是一种最基本的方法。维修人员通过对故障发生时的各种光、声、味等异常现象的观察以及认真查看系统的每一处，往往可将故障范围缩小到一个模块或一块印刷线路板。这就要求维修人员具有丰富的实际经验，要有多学科较宽的知识和综合判断的能力。

（二）自诊断功能法

现代数控系统虽然尚未达到智能化很高的程度，但已经具备了较强的自诊断功能，它能随时监视数控系统的硬件和软件的工作状况，一旦发现异常，立即在 CRT 上显示报警信息或用发光三极管指示出故障的大致起因，利用自诊断功能也能显示出系统与主机之间接口信号状态，从而判断故障发生在机械部分还是数控系统部分，并指示出故障的大致部位。这个方法是当前维修时最有效的一种方法。

（三）功能程序测试法

所谓功能程序测试法就是将数控系统的常用功能和特殊功能，如直线定位、圆弧插补、螺纹切削、固定循环、用户宏程序等，用手工编程或自动编程方法，编制成一个功能程序测试纸带，通过纸带阅读机送入数控系统中，然后启动数控系统使之运行，借以检查机床执行这些功能的准确性和可靠性，进而判断出故障发生的可能起因。本方法对于长期闲置的数控机床第一次开机的检查，机床加工造成废品但又无报警的情况，一些难以确定是编程错误或是操作错误还是机床故障等是较好的判断方法。

（四）交换法

这是一种简单易行的方法，也是现场判断时最常用的方法之一。所谓交换法就是在分析出故障大致起因的情况下，维修人员利用备用的印刷线路板、模板，集成电路芯片或元器件替换有疑点的部分，从而把故障范围缩小到印刷线路板或芯片一级。实际上也是在验证分析的正确性。

（五）转移法

所谓转移法就是将 CNC 系统中具有相同功能的两块印制线路板、模板、集成电路芯片或元器件互相交换，观察故障现象是否随之转移。借此，可迅速确定系统的故障部位。本方法实际上也是交换法的一种，因此，有关注意事项同交换法所述。

（六）参数检查法

数控参数能直接影响数控机床的性能。参数通常是存放在磁泡存储器或存放在须由电池保持的 CMOS RAM 中，一旦电池不足或由于外界的某种干扰使个别参数丢失或变化，就会使机床无法正常工作。此时，通过核对、修正参数就能将故障排除。当机床长期闲置工作而无故出现不正常现象或有故障而无报警时，就应根据故障特征，检查和校对有关参数。另外，经过长期运行的数控机床，由于其机械传动部件磨损、电气元件性能变化，也须对其有关参数进行调整。有些机床的故障往往就是未及时修改某些不适应的参数所致。当然这些故障都属于软件故障的范畴。

（七）测量比较法

CNC 系统生产厂在设计印制线路板时，为了调整、维修的便利，在印制线路板上设计了多个检测用端子。用户也可利用这些端子比较正常的印制线路板和有故障的印制线路板之间的差异；可以检测这些测量端子的电压或波形，分析故障的起因及故障的所在位置；甚至还可对正常的印制线路板人为地制造"故障"，如断开连线或短路、拔去组件等，以判断真实故障的原因。为此，维修人员应在平时积累对印制线路板上关键部分或易出故障部分在正常时的正确波形和电压值的认识，因为 CNC 系统生产厂往往不提供有关这方面的资料。

（八）敲击法

当CNC系统出现的故障表现为若有若无时，往往可用敲击法检查出故障的部位所在。这是由于 CNC 系统是由多块印制线路板组成，每块板上又有许多焊点，板间或模块间又通过插接件及电缆相连。因此，任何虚焊或接触不良，都可能引起故障。当用绝缘物轻轻敲打有虚焊及接触不良的疑点处，故障肯定会重复再现。

（九）局部升温法

CNC 系统经过长期运行，元器件均要老化，性能也会变坏。当它们尚未完全损坏时，出现的故障会变得时有时无。这时可用热吹风机或电烙铁等来局部加热被怀疑的元器件，加速其老化，以便彻底暴露故障部件。当然，采用此法时，一定要注意元器件的温度参数等，不要将原来好的器件烤坏。

（十）原理分析法

根据 CNC 系统的组成原理，可从逻辑上分析各点的逻辑电平和特征参数（如电压值或波形），然后用万用表、逻辑笔、示波器或逻辑分析仪进行测量、分析和比较，从而对故障定位。运用这种方法，要求维修人员必须对整个系统或每个电路的原理有清楚的、较深的了解。

以上这些检测方法各有特点，按照不同的故障现象，可以同时选择几种方法灵活应用，对故障进行综合分析，才能逐步缩小故障范围，较快地排除故障。

三、数控机床常见故障处理

数控机床的故障现象尽管比较繁多，但按其发生的部位基本可分为以下几类：机械部分、机床电气部分及强电控制部分、进给伺服系统、主轴伺服系统、数控系统。对于编程引起的故障则多是由于考虑不周或程序输入时的失误造成的，一般只须按报警提示及时修改就行了。由于各部分故障及特点不同，因而故障的处理方法也不同。

（一）机械部分的常见故障

数控机床机械部分的修理与常规机床有许多共同点，在此不再赘述。但由于数控机床大量采用电气控制，机械结构大为简化，所以机械故障大大降低，常见的机械故障是多种多样的，每一种机床都有相关说明书及机械修理手册说明，这里仅介绍一些带共性的部件故障。

I. 进给传动链故障

由于普遍采用了滚动摩擦副，所以进给传动链故障大部分是以运动品质下降表现出来的，如定位精度下降、反向间隙过大、机械爬行、轴承噪声过大（一般都在撞车后出现）。因此，这部分修理常与运动副预紧力、松动环节和补偿环节有关。

2. 主轴部件故障

由于使用调速电动机，数控机床主轴箱内部结构比较简单。可能出现故障的部分有自动换刀部分的刀杆拉紧机构、自动换刀机构及主轴运动精度的保持装置等。

3. 自动换刀装置（ATC）故障

自动换刀装置已在加工中心上大量配置，目前有 50% 的机械故障与它有关。故障主要是刀库运动故障、定位误差过大、机械手夹持刀柄不稳定和机械手运动误差过大等。这些故障最后都造成换刀动作卡住，使整机停止工作等。

4. 配套附件的可靠性

配套附件包括切削液装置、排屑装置、导轨防护罩、冷却液防护罩、主轴冷却恒温油箱和液压油箱等。要经常检查它们运行是否可靠。

（二）机床电气部分及强电控制部分引起的故障处理

这部分故障可利用机床自诊断功能的报警号提示，查阅 PLC 梯形图或检查 I/O 接口信号的状态，并根据机床维修说明书所提供的图样、资料、排故流程图及调整方法等，结合个人的工作经验来排除。

I. 各进给运动轴正反向硬件超程报警

这类故障现象一般可分为真超程和假超程。对于真超程，须通过手动方式以超程的反方向退出，使机械撞块脱离限位开关，然后再按复位键，即可消除报警。对于假超程可能是铁屑等压住限位开关、限位开关接线端短路、切削液进入限位开关等原因引起限位开关损坏。针对这些原因须通过清除铁屑等或更换限位开关来排除故障。

2. 数控车床、加工中心等机床

在换刀时找不到刀，其车床的回转刀台或加工中心的刀库总是旋转不停，找不到刀。这多与刀位编码用组合行程开关或干簧管、接近开关等元件的损坏、接触不好、灵敏度降低等因素有关。若根本不执行找刀动作，这与换刀应答或换刀完成所用检测开关没有信号有关。

3. 数控机床的主轴不执行分度动作

这与检测分度参考点用接近开关及分度角度与置用拨码盘的好坏有关。若加工中心不执行定向准停，这与检测定向准停用接近开关的好坏及间隙调整的大小有关。

4. 加工中心类机床刀库的开门、关门

活动工作台的夹紧、松开、装入、卸出，活动工作台的选择等故障多与有关按钮、行程开关、接近开关、电磁阀、液压缸等的好坏及动作是否良好有关；加工中心类机床主轴上刀具的夹紧、松开等故障也多和有关接近开关的好坏，接近开关与感应挡铁间的间隙大小及主轴套筒内刀具夹紧、松开用连杆动作距离大小的调整有关；加工中心类机床自动刀具长度测量台的伸出、收回，测量完成与否等故障也和接近开关的好坏、液压缸动作是否良好等因素有关。

5. 排屑装置电动机、液压泵电动机、各进给轴电机、主轴电机等不工作

应首先检查有关断路器、热保护继电器是否动作。若合上后这些保护元件仍然动作，则应进一步检查电机本身及有关回路是否有短路、过载或其他原因。

6. 润滑装置的故障

应首先检查浮子开关、压力继电器、定时器等元件是否工作正常。

7. 车床类机床卡盘的卡紧、松开，夹紧力大小的调整

应首先检查工作压力是否合适，有关电磁阀、液压缸等是否工作正常。

8.立式或斜导轨式车床断电时发生托板下滑现象

应检查制动电磁阀的工作间隙。总之，机床本体低压电器部分的故障占机床故障的比例是比较大的，原因也是比较多的。处理故障时首先应检查电气连接、按钮、行程开关、接近开关、断路器、热保护继电器、电磁阀、液压缸及相关继电器等方面的原因。确认无误后仍不能排除故障，再做深入的检查、调整，以免做无用功或扩大故障范围。

（三）进给伺服系统常见故障的处理

经验证明，进给伺服系统的故障约占整个系统故障的1/3。故障报警现象有三种：一是利用软件诊断程序在CRT上显示报警信息；二是利用伺服系统上的硬件（如发光二极管、保险丝熔断等）显示报警；三是没有任何报警指示。

I.软件报警

现代数控系统都具有对进给驱动进行监视、报警的能力。在CRT上显示进给驱动的报警信号大致可分为以下三类：

（1）进给伺服系统出错报警

这类报警，大多是速度控制单元方面的故障引起的，或是主控制印制线路板内与位置控制或伺服信号有关部分的故障。

（2）检测出错报警

是指检测元件（测速发电机、旋转变压器或脉冲编码器）或检测信号方面引起的故障。

（3）过热报警

指伺服单元、变压器及伺服电动机过热。

总之，可根据CRT上显示的报警信号，参阅该机床维修说明书中"各种报警信息产生的原因"的提示进行分析判断，找出故障，将其排除。

2.硬件报警

硬件报警包括速度单元上的报警指示灯和保险丝熔断以及各种保护用的开关跳开等报警。报警指示灯的含义随速度控制单元设计上的差异也有所不同，一般有下述几种：

（1）大电流报警

多为速度控制单元上的功率驱动元件（晶闸管模块或晶体管模块）损坏。检查方法是在切断电源的情况下，用万用表测量模块集电极和发射极之间的阻值。如阻值小于10Ω，表明该模块已损坏。另外，速度控制单元的印刷线路板故障或电动机绕组内部短路也可引起大电流报警，但较少发生。

（2）高电压报警

产生这类报警是由于输入的交流电源电压超过了额定值的10%，或是电动机绝缘能力下降、速度控制单元的印制线路板不良。

（3）电压过低报警

大多是由于输入电压低于额定值的 85% 或是电源连接不良引起的。

（4）速度反馈断线报警

此类报警多是由伺服电动机的速度、位置反馈线不良或连接器接触不良引起的。如果此报警是在更换印制线路板之后出现，则应先检查印制线路板上的设定是否有误。

（5）保护开关动作

此时应首先分清是何种保护开关动作，然后再采取相应措施解决。如伺服单元上热继电器动作，应先检查热继电器的设定是否有误，然后再检查机床工作时的切削条件是否太苛刻或机床的摩擦力矩是否太大。如变压器热动开关动作，但此时变压器并不热，则是热动开关失灵；如果变压器很热，用手只能接触几秒钟，则要检查电动机负载是否过大。这可以在减轻切削负载条件下，再检查热动开关是否动作。如仍发生动作，应在空载低速进给的条件下测量电动机电流，如已接近电流额定值，则需要重新调整机床。产生上述故障的另一原因是变压器内部短路。

（6）过载报警

造成过载报警的原因有机械负载不正常，或是速度控制单元上电动机电流的上限值设定得太低。永磁电动机上的永久磁体脱落也会引起过载报警，如果不带制动器的电动机空载时用手转不动或转动轴时很费劲，即说明永久磁体脱落。

（7）速度控制单元上的保险丝烧断或断路器跳闸

发生此类故障的原因很多，除机械负荷过大和接线错误外（仅发生在重新接线之后），主要原因有速度控制单元的环路增益设定过高、位置控制或速度控制部分的电压过高或过低引起振荡（如速度或位置检测元件故障也可能引起振荡）、电动机故障（如电动机去磁将会引起过大的激磁电流）、相间短路（当速度控制单元的加速或减速频率太高时，由于流经扼流圈电流延迟，可能造成相间短路，从而烧断保险丝，此时须适当降低工作频率）。

3. 无报警显示

这类故障多以机床处于不正常运动状态的形式出现，但故障的根源却在进给驱动系统。以下是常见的无报警显示故障。

（1）机床失控

这是由于伺服电动机内检测元件的反馈信号接反或元件本身故障造成的。

（2）机床振动

此时应首先确认振动周期与进给速度是否成比例变化，如果成比例变化，则故障的起因是机床、电动机、检测器不良，或是系统插补精度差，检测增益太高；如果不成比例，且大致固定时，则大都是因为与位置控制有关的系统参数设定错误，速度控制单元上短路棒设定错误或增益电位器调整不好，以及速度控制单元的印刷线路不好。

（3）机床过冲

数控系统的参数（快速移动时间常数）设定得太小或速度控制单元上的速度环增益设定太低都会引起机床过冲。另外，如果电动机和进给丝杠间的刚性太差，如间隙太大或传动带的张力调整不好也会造成此故障。

（4）机床移动时噪声过大

如果噪声源来自电动机，可能的原因是电动机换向器表面的粗糙度高或有损伤，油、液、灰尘等侵入电刷槽或换向器和电动机有轴向窜动。

（5）机床在快速移动时振动或冲击

原因是伺服电动机内的测速发电机电刷接触不良。

（6）圆柱度超差

两轴联动加工外圆时圆柱度超差，且加工时象限稍一变化精度就不一样，则多是进给轴的定位精度太差，须重新调整机床精度差的轴。如果是在坐标轴的45°方向超差，则多是由于位置增益或检测增益调整不好造成的。

（四）主轴伺服系统常见故障的处理

主轴伺服系统可分为直流主轴伺服系统和交流主轴伺服系统。

I. 直流主轴伺服系统

（1）主轴电机振动或噪声太大

这类故障的起因有系统电源缺相或相序不对、主轴控制单元上的电源频率开关设定错误、控制单元上的增益电路调整不好、电流反馈回路调整不好、电动机轴承故障、主轴电动机和主轴之间连接的离合器故障、主轴齿轮啮合不好及主轴负荷太大等。

（2）主轴不转

引起这一故障的原因有印制线路板太脏、触发脉冲电路故障、系统未给出主轴旋转信号、电动机动力线或主轴控制单元与电动机间连接不良。

（3）主轴速度不正常

造成此故障的原因有装在主轴电动机尾部的测速发电机故障、速度指令给定错误或D/A转换器故障。

（4）发生过流报警

发生过流的可能原因有电流极限设定错误、同步脉冲紊乱和主轴电动机电枢线圈层间短路。

（5）速度偏差过大

这种报警是由于负荷过大、电流零信号没有输出和主轴被制动。

2.交流主轴伺服系统

（1）电动机过热

造成过热的可能原因有负载过大、电动机冷却系统太脏、电动机的冷却风扇损坏和电动机与控制单元之间连接不良。

（2）主轴电动机不转或达不到正常转速

产生这类故障的可能原因有速度指令不正常（如有报警可按报警内容处理）、主轴电动机不能启动（可能与主轴定向控制用的传感器安装不良有关）等。

（3）交流输入电路的保险烧断

引起这类故障的原因多是交流电源侧的阻抗太高（例如在电源侧用自耦变压器代替隔离变压器）、交流电源输入处的浪涌吸收器损坏、电源整流桥损坏、逆变器用的晶体管模块损坏或控制单元的印制线路板故障。

（4）再生回路用的保险烧断

这主要是由于主轴电动机的加速或减速频率太高引起的。

（5）主轴电动机有异常噪声和振动

对这类故障应先检查确认是在何种情况下产生的。若在减速过程中产生，则故障发生在再生回路。此时应检查回路处的保险丝是否熔断及晶体管是否损坏。若在恒速下产生，则应先检查反馈电压是否正常，然后突然切断指令，观察电动机停转过程中是否有噪声。若有噪声，则故障出现在机械部分，否则多在印制线路板上。若反馈电压不正常，则须检查振动周期是否与速度有关。若有关，应检查主轴与主轴电动机连接是否合适，主轴以及装在交流主轴电动机尾部的脉冲发生器是否接触不良；若无关，则可能是印制线路板调整不好或接触不良，或是机械故障。

（五）数控系统常见故障的处理

I.CRT 无辉度或无任何画面显示

此类故障多是由以下几方面的原因引起的：

（1）与 CRT 单元有关的电缆连接不良引起的

应对电缆重新检查，连接一次。

（2）检查 CRT 单元的输入电压是否正常

但在检查前应先搞清楚 CRT 单元所用的电压是直流还是交流，电压有多高。因为生产厂家不同，它们之间有较大差异。一般来说，9 英寸单色 CRT 多用 +24V 直流电源，而14 英寸彩色 CRT 却为 200V 交流电压。在确认输入电压过低的情况下，还应确认电网电压是否正常。如果是电源电路不良或接触不良，造成输入电压过低时，还会出现某些印刷线路板上的硬件或软件报警，如主轴低压报警等，因此可通过几方面的相互印证来确认故障所在。

（3）CRT 单元本身的故障造成

CRT 单元是由显示单元、调节器单元等部分组成，它们中的任一部分接触不良都会造成 CRT 无辉度或无图像等故障。

（4）可以用示波器检查是否有 VIDEO（视频）信号输入

如无，则故障出在 CRT 接口印刷线路板上或主控制线路板上。

（5）数控系统的主控制线路板上如有报警显示，也可影响 CRT 的显示

此时，故障的起因多不是 CRT 本身，而在主控制印制线路板上，可以按报警指示的信息来分析处理。

2.CRT 出现 "NOT READY" 显示

数控系统一接通电源就出现 "NOT READY" 显示，过几秒钟就自动切断电源，有时候数控系统接通电源后显示正常，但在运行程序的中途突然在 CRT 画面出现 "NOT READY"，随之电源被切断。造成这类故障的一个原因是 PC 有故障，可以通过查 PC 的参数及梯形图来发现。其次，应检查伺服系统电源装置是否有保险丝断、断路器跳闸等问题。若合闸或更换了保险丝后断路器再次跳闸，应检查电源部分是否有问题，检查是否有电动机过热、大功率晶体管组件过电流等故障而使计算机的监控电路起作用；检查计算机各板是否有故障灯显示。另外，还应检查计算机所需各交流电源、直流电源的电压值是否正常。若电压不正常也可造成逻辑混乱而产生"没准备好"故障。

3. 用户宏程序报警

当数控系统进入用户宏程序时出现超程报警或显示 "PROGRAM STOP"，但数控系统一旦退出用户宏程序运行，则数控系统运行很正常，这类故障多出在用户宏程序。如操作人员错按复位按钮，就会造成宏程序的混乱。此时可采取全部清除数控系统的内存，重新输入 NC、PC 的参数、宏程序变量、刀具补偿号及设定值等来恢复。

4.MDI 方式、自动方式无效且无报警产生

这类故障多数不是由数控系统引起的。因为上述 MDI 方式、自动方式的操作开关都在机床操作面板上，在操作面板和数控柜之间的连接发生故障如断线等的可能性最大。在上述故障中几种工作方式均无效，说明是共性的问题，如机床侧的继电器坏了，造成机床侧的 +24V 不能进入 NC 侧的连接单元就会引起上述故障。

5. 机床不能正常返回参考点且有报警产生

此故障一般是由脉冲编码器的信号没有输入主控制印制线路板造成的。如脉冲编码器断线，或脉冲编码器的连接电缆和插头断线等均可引起此故障。另外，返回参考点时的机床位置距参考点太近也会产生此报警。

6.手摇脉冲发生器不工作

转动手摇脉冲发生器时 CRT 画面的位置显示发生变化但机床不动。此时可先通过诊断功能检查系统是否处于机床锁住状态。如未锁住，则再由诊断功能确认伺服断开信号是否已被输入数控系统中；转动手摇脉冲发生器时 CRT 画面的位置显示无变化，机床也不运动，此时可通过诊断功能检查机床锁住信号是否已被输入、手摇脉冲发生器的方式选择信号是否已输入，并检查主板是否有报警。若以上几方面均无问题，则可能是手摇脉冲发生器不良或脉冲发生器接口板不良。

第四节　数控机床的维护与保养

一、严格遵守操作规程

数控系统编程、操作和维修人员必须经过专门的技术培训，熟悉所用数控机床的机械、数控系统、强电设备、液压、气源等部分及使用环境、加工条件等；能按机床和系统使用说明书的要求正确、合理地使用；应尽量避免因操作不当引起的故障。

二、使机床保持良好的润滑状态

定期检查清洗自动润滑系统，添加或更换油脂、油液，使丝杠、导轨等各运动部位始终保持良好的润滑状态，降低机械磨损速度。

三、定期检查液压、气压系统

对液压系统定期进行油质化验，检查和更换液压油，并定期对各润滑、液压、气压系统的过滤器或过滤网进行清洗或更换，对气压系统还要注意及时对分水滤气器放水。

四、定期检查和更换直流电动机电刷

对直流电动机定期进行电刷和换向器检查、清洗和更换，若换向器表面脏，应用白布蘸酒精予以清洗；若表面粗糙，用细金相砂纸修整；若电刷长度为 10mm 以下时，应予以更换。

五、定期检查电气部件

检查各插头、插座、电缆、各继电器的触点是否接触良好，检查主电源变压器、各电机的绝缘电阻是否在允许范围（应在 1MΩ 以上）。定期对电气柜和有关电器的冷却风扇进行卫生清扫，更换其空气过滤网等。电路板上太脏或受潮，可能发生短路现象，因此，必要时对各个线路板、电气元器件采用吸尘法进行卫生清扫等。平时尽量少开电气柜门，以保持电气柜内清洁，夏天用开门散热法是不可取的。电火花加工数控设备，周围金属粉尘大，更应注意防止外部尘埃进入数控柜内部。

六、适时对各坐标轴进行超程限位试验

尤其是对于硬件限位开关，由于切削液等容易产生锈蚀，平时又主要靠软件限位起保护作用，但关键时刻如锈蚀将不起作用而产生碰撞，甚至损坏滚珠丝杠螺母副，严重影响其机械精度。试验时可用手按一下限位开关看是否出现超程警报，或检查相应的 I/O 接口输入信号是否变化。

七、经常监视数控系统的电网电压

通常数控系统允许的电网电压范围在额定值的 +15% ～ -10%，如果超出此范围，轻则使数控系统不能稳定工作，重则会造成重要电子部件损坏。因此，要经常注意电网电压的波动。对于电网质量比较恶劣的地区，应及时配置数控系统专用的交流稳压电源装置，这将使故障率有比较明显的降低。

八、数控机床长期不用时的维护

数控机床长期闲置不用时，也应定期对数控系统进行维护保养。应经常给数控系统通电，在机床锁住不动的情况下，让其空运行。在空气湿度较大的梅雨季节应该天天通电，利用电器元件本身发热驱走数控柜内的潮气，以保证电子部件的性能稳定可靠。

九、定期更换存储器用电池

通常数控系统内对 CMOS RAM 存储器器件设有可充电电池维持电路，以保证系统不通电期间能保持存储器的内容。一般情况下，即使电池尚未失效，也应每年更换一次，以确保系统能正常工作。电池的更换应在 CNC 装置通电状态下进行，以防更换时 RAM 内信息丢失。

十、定期进行机床水平和机械精度检查并校正

机械精度的校正方法有软、硬两种。软方法主要是通过系统参数补偿，如丝杠反向间隙补偿、各坐标定位精度定点补偿、机床回参考点位置校正等；硬方法一般在机床大修时进行，如进行导轨修刮、滚珠丝杠螺母副预紧调整反向间隙等。

参考文献

[1] 陶林. 多轴数控机床与加工技术 [M]. 北京：北京理工大学出版社，2020.

[2] 叶晓刚. 数控机床装调与维修一体化实训教程 [M]. 昆明：云南大学出版社，2020.

[3] 王展. 数控机床主轴系统在线动平衡技术 [M]. 北京：中国纺织出版社，2020.

[4] 李郝林，方键. 机床数控技术 [M]. 北京：机械工业出版社，2020.

[5] 王全景. 数控加工技术 [M]. 北京：机械工业出版社，2020.

[6] 吴悦乐，钱斌. 数控铣削加工 [M]. 杭州：浙江大学出版社，2020.

[7] 张恒，冯磊. 数控设备管理与维护技术基础 [M]. 北京：北京理工大学出版社，2020.

[8] 桂林，熊万里. 大型重载数控机床技术及应用（上）[M]. 武汉：华中科技大学出版社，2019.

[9] 王晓忠. 数控机床技术基础 [M]. 北京：北京理工大学出版社，2019.

[10] 饶楚楚，郑国平. 数控机床电气控制与 PLC[M]. 北京：北京理工大学出版社，2019.

[11] 张伟，瞿付侠. 数控机床故障诊断与维修 [M]. 成都：西南交通大学出版社，2019.

[12] 杨顺田，姚军. 数控机床与编程实用技术 [M]. 北京：北京理工大学出版社，2019.

[13] 张伟民. 大型重载数控机床技术及应用（下）[M]. 武汉：华中科技大学出版社，2019.

[14] 杨干兰，陈红江. 真面板数控仿真机床图解操作指导 [M]. 合肥：合肥工业大学出版社，2019.

[15] 杨林建. 机床电气控制技术 [M]. 北京：北京理工大学出版社，2019.

[16] 赵晶文. 金属切削机床 [M].3 版. 北京：北京理工大学出版社，2019.

[17] 何萍. 金属切削机床概论 [M]. 北京：北京理工大学出版社，2019.

[18] 卢万强，苟建峰. 数控加工技术 [M]. 北京：北京理工大学出版社，2019.

[19] 顾燕，金亚云. 数控原理及应用 [M]. 北京：北京理工大学出版社，2019.

[20] 黄添彪. 数控技术与机械制造常用数控装备的应用研究 [M]. 上海：上海交通大学出版社，2019.

[21] 邓自清，王俊荣. 数控机床维修 [M]. 世界图书出版西安有限公司，2018.

[22] 万永丽，邹艳红. 数控机床基础教程 [M]. 北京：北京理工大学出版社，2018.

[23] 马有良. 数控机床加工工艺与编程 [M]. 成都：西南交通大学出版社，2018.

[24] 刘宏伟，向华. 数控机床误差补偿技术研究 [M]. 武汉：华中科技大学出版社，

2018.

　　[25] 曹清香 . 数控机床编程及操作技术的探索研究 [M]. 长春：东北师范大学出版社，2018.

　　[26] 张俊良 . 数控机床操作与编程含 UG/CAM[M]. 武汉：华中科技大学出版社，2018.

　　[27] 金玉 . 数控机床电气故障诊断与维修技术（高职）[M]. 西安：西安电子科技大学出版社，2018.

　　[28] 张恒，彭建飞 . 典型数控机床机械部件装配与精度检测 [M]. 北京：机械工业出版社，2018.

　　[29] 田杨 . 重型数控机床地基基础系统建模与实验方法 [M]. 北京：中国铁道出版社，2018.

　　[30] 李向东 . 中国制造 2025——高档数控机床和机器人 [M]. 济南：山东科学技术出版社，2018.

　　[31] 许建 . 数控机床改造技术及实例 [M]. 北京：机械工业出版社，2017.

　　[32] 舒雨锋 . 数控机床安装与调试 [M]. 上海：上海交通大学出版社，2017.

　　[33] 余娟 . 数控机床编程与操作 [M]. 北京：北京理工大学出版社，2017.

　　[34] 郑智，仲兴国 . 数控机床故障诊断与维修 [M]. 北京：北京理工大学出版社，2017.

　　[35] 陈吉红，孙海亮 . 数控机床维护与维修教程——华中数控 [M]. 武汉：华中科技大学出版社，2017.